走向世界的中国文明丛书

丝绸

SI CHOU

丛书主编　邹登顺

刘行光——编著

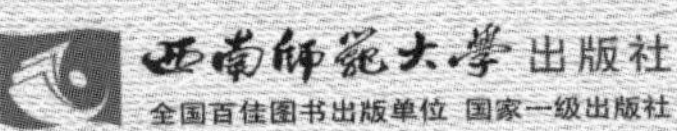

图书在版编目（CIP）数据

丝绸 / 刘行光编著． —重庆 ： 西南师范大学出版社，2014.6
（走向世界的中国文明丛书）
ISBN 978-7-5621-6743-3

Ⅰ．①丝… Ⅱ．①刘… Ⅲ．①丝绸－文化史－中国 Ⅳ．①TS14-092

中国版本图书馆 CIP 数据核字 (2014) 第 076424 号

走向世界的中国文明丛书

丝　绸

SICHOU

刘行光　编著

责任编辑：何雨婷　张昊越
出版策划：双安文化
装帧设计：黄　杨　鞠现红
出版发行：西南师范大学出版社
地址：重庆市北碚区天生路 2 号
邮编：400715
http://www.xscbs.com
经　　销：全国新华书店
印　　刷：重庆荟文印务有限公司
开　　本：787mm × 1092mm　1/16
印　　张：12.5
字　　数：200 千字
版　　次：2014 年 6 月　第 1 版
印　　次：2014 年 6 月　第 1 次印刷
书　　号：ISBN 978-7-5621-6743-3

定　　价：28.00 元

致读者

倡导“新史学”的梁启超在评述中国文明发展一脉相承、生生不息的同时，从文化交融发展角度指出了中国文明发展的道路：中国之中国、亚洲之中国、世界之中国三阶段。梁氏“三阶段说”独具慧眼，表明中国文明独创之后，走向亚洲，走向世界，与此同时也在拥抱亚洲其他文明和世界文明。中国与世界互为视角，既要坚持“和而不同”，“道并行而不相悖”的智慧，又要有更大视野，考察中国文明不能脱离世界文明的格局，中国文明也对世界有独特价值，并以其独特的方式影响人类文明的发展，做出了应有的贡献。安田朴《中国文化西传欧洲史》如数家珍地介绍，西方魁奈和杜尔哥的重农学派受中国重农风尚影响，古老的冶炼术成就了西方最大金属工业的基础，中式园林影响西方王府公园，西方眼中的中国式样“开明政治”成为其“理想模式”……凡此都表明18世纪西方“中国热”时，中国文明对西方文明的贡献有力焉。历史上，中国文明向亚洲、欧洲输送了许多发明和思想。从世界范围的历史和现状来看，文明程度之所以如此，中国人民的贡献颇多。中国文明除直接被其他文明吸收外，还包括有美国汉学家史景迁《文化类同与文化利用》书名所示的状况——类同和利用：不同文明从对方那里吸取有益成分，充实其文明甚至成为其文明发展的新鲜血液。由于历史原因，自西方工业革命以后，以科技为代表的文明成就日新，非西方国家和民族都争先恐后地学习西方、模仿西方，于是西化之声盈耳，响彻全球。中国近代以来的西化主流呼声一浪高过一浪，激进成时尚，文化交流渐变成西学东渐，东学西渐虽未绝却细细如缕。时至今日，中国如何走向世界，中国文明如何走向世界，依然是有识之士忧思的大问题。

中国文明走向世界，最基本的意思是从文明交流角度看中国文明如何影响日韩越、欧美非等文明，以及世界文明中的中国形象。除此基本意义外，还有两层意思。首先从反思现代性、后现代性角度看，中国文明具有独特的价值。一脉相承延绵5000多年的文明积淀，不仅为中华民族发展壮大提供了丰厚滋养，而且有独特的普世价值，诸如“天人合一”，即人与自然和谐的观念可以弥补现代化征服自然之偏执。再次就是，中国文明走向世界意味着顺应时代潮流，睁开眼睛看世界，主动去交流，广泛参与世界文明对话，促进文化相互借鉴，逐步改变西方国家对于中国文化的片面认知与刻板印象，树立新形象。这是中华复兴所需的使命所在，也是国家民族文化安全的重要组成部分。我们必须清醒认识到，把中国文化介绍出去为他国认知，是十分困难的事，必须有长期打算，正如季羡林先生为《东学西渐丛书》写序时说：“想介绍中国文化让外国人能懂，实在是一个异常艰巨的任务，对于这一点我们必须头脑清醒。”

重庆双安文化传播公司和西南师范大学出版社出于文化使命感，思索中国文明如何走向世界。中国文明走向世界不仅要总结已有交流史、中国文化形象的得失，更应该从现代性、后现代性角度厘清文明家底，在这样的基础上谈论中国文明走向世界之事才有真实价值。为此策划了《走向世界的中国文明丛书》，涵盖对世界其他文明产生了深远影响的诸多内容，如戏曲、造纸术、丝绸、剪纸、中医、古琴、国画、饮食、印刷术、造船、武术、瓷器、灯谜、玉器、园林艺术等。

中国如何走向世界？中国文明如何走向世界？学人责无旁贷，任重道远，共襄其事，是为序。

邹登顺

（重庆师范大学历史与社会学院副教授、重庆市重点社科基地“三峡社会发展与文化研究院”文化遗产研究所所长）

前言

中国是蚕桑丝织业的发祥地，是丝绸的祖国。早在远古时代，我们的祖先就利用野蚕茧抽丝织绸。以后又将野蚕驯化为家蚕，野桑培育成家桑，开创了植桑养蚕业。绚丽多彩的中国丝绸，不仅是举世公认最华贵的服饰材料，而且是文化艺术的珍品，是古老灿烂的中华文明的一个重要组成部分。

在浩瀚的中国古籍中，有关丝绸的史料多似繁星，中国丝绸已深深地渗入历代社会的各个方面，对人民的生活产生了重大的影响。当人们一见到五光十色的锦缎时，总不免在心底引起对它悠久历史的遐想。有时，这种遐想又会化作旺盛的求知欲，激烈地扣动着人们的心扉，生出一连串的疑问：美丽的丝绸是怎样来到人间的呢？在中华五千年文明古国的历史上，丝绸出现过哪些灿烂的盛况？中国丝绸中展现过哪些出类拔萃、名震中外的精品？丝绸是怎样像潺潺的溪水，从劳动人民的手指间轻轻地流淌出来的？中华民族在创造丝绸的同时，涌现过哪些光辉的文字著述和值得称颂的历史人物？中国丝绸及其技艺是通过怎样的途径走向世界各地，变成世界人民的共同财富和美的享受的？我们能否钻到丝绸的内部，去揭开丝绸的神秘面纱？……

中华民族有许多重大发明创造，对全人类的文明进步做出了伟大贡献，而植桑养蚕和缫丝织绸，是最早和最伟大的发明之一。丝绸彩缎不仅丰富了人们的服饰材料，美化了人们的生活，而且还充当了中国同邻邦和西方国家早期交往的文明使者。举世无双的“丝绸之路”，是古代横贯亚欧大陆的中西交通大动脉，至今为亚欧各国人民所神往和赞颂。丝绸贸易对古代商业、交通和文化交流，乃至对古代中西各国的经济、政治、文化发展，都产生了极其深刻的影响。

研究中国丝绸能使我们更全面地了解中国的历史，了解中华民族的文化传统，以及中国和世界各国频繁的交往。而且，从中国丝绸兴衰起伏的史实中，寻本求源，理清脉络，做出解释，无疑对我们了解祖国文明有很大的帮助。希望这本书能使读者对丝绸在中国历史上的地位有所了解，为我们祖先这一伟大创造而骄傲，并有兴趣做进一步的专题研究，做到回顾以往，环视四周，展望未来，使大家信心百倍地去开创中国丝绸更加光辉灿烂的前程。

目　录

第一编　源远流长的丝绸文明

在内容丰富、卷帙浩繁的中国古籍中，有关丝绸的史料多似繁星，丝绸已深深地渗入中国历代社会的各个方面，对人民的生活产生了重大的影响。研究中国丝绸史能使我们更全面地了解中国的历史，了解中华民族的文化传统，以及中国和世界各国频繁的交往。而且，从中国丝绸兴衰起伏的史实中寻本求源，理清脉络，做出解释，会对我们了解祖国文明有很大的帮助。

一、史前时期的丝绸起源

1.“嫘祖养蚕”的传说

中国丝绸，源远流长，是中华民族的骄傲。几千年来，举世公认中国丝绸是最高贵的服饰材料，同样也是艺术珍品，它是独特而灿烂的中国古代文明的见证。但是，中国丝绸最早出现在什么时代？发明人是谁？

相传在远古时期，黄河流域的氏族部落结成联盟，黄帝被推举为部落联盟的首领。黄帝的妻子嫘祖也帮着黄帝为部落联盟做一些事情，主要是制作衣服。当时人类已经学会使用骨针，但只是用来缝制动物的皮毛。在黄帝时代，人们试着从山林中采取一些野麻，用陶纺轮将野麻的纤维纺成纱，再编织成平纹麻布。这就是先民们最初的衣服原料。

嫘祖带领妇女们上山收集野麻，拿回家刮制成麻纤维，有时也顺便采摘一些野果子回家。一天，嫘祖经过一片桑树林时，发现树上结着一只只白色的小圆果子，就采摘下来，足足装了半篮子。她先试着用牙咬咬看，发现它软软的，里面似乎有东西，但又咬不破，于是决定拿回家再说。

回家后，嫘祖用铜刀砍，也砍不破，忽又想：放在水中煮煮看。她一边煮，一边用棍子搅动。煮了一会儿，她发现小白果子松散成一些白丝，比头发还细。嫘祖觉得很奇怪，便挑起一根丝往外拉，发现这丝很柔软，还不易拉断。于是她又拉起丝头缠在一根棍子上，结果越拉越长，越缠越多。最后，一个小白果子全散开了，中间是一条煮熟了的小虫。她把其他的小白果子全都这样处理了，手中已经缠绕起好几团白丝。

这些白丝线很柔软，又有韧性。嫘祖想：它可以做什么呢？她吃饭时想，走路时想，纺麻时也想。忽然，嫘祖想：这不也可以纺成纱吗？她一试，发现纺出来的丝线，又白又柔韧，比麻纱好多了，这样就可以织东西了，可惜手上的丝太少。

第二天，嫘祖又跑到那片桑树林中去找，又找到一些同样的小白果子。同时，嫘祖还发现，这其中有几个特别薄，里面有一条虫在吐丝。嫘祖这才知道，这小白果子是这种虫吐出的丝缠成的。

为了弄到更多的这种小白果子，嫘祖就不动那树枝间的小白果子，只是隔一些日子去看一看，有时一看就是大半天。嫘祖发现，这小白果子过一些时候就会被咬破，从里面爬出一只小飞虫，小飞虫又产下很多小卵。再过些时候，小卵就变成一条条小虫，小虫就在桑叶上爬，啃吃着桑叶。它们慢慢长大，最后又吐出丝来，裹成一个个白色的小果子……经过长时间的观察，嫘祖就把这小虫叫作“蚕”，她决定带领妇女们养蚕。

嫘祖

嫘祖在观察中发现，有些鸟儿常在树林中啄食这种蚕虫。于是，她决定把蚕放在房里面养。这样既不怕鸟，又不怕风雨，只需要每天上山采摘桑叶回来就行了。等到蚕结成茧后，嫘祖就将茧放在热水中煮，再抽出长长的丝来，这就形成了最早的养蚕缫丝技术。

有了蚕丝，嫘祖就可以纺织出丝绸来了。因为是嫘祖最早发明养蚕缫丝技术的，所以后人就供奉嫘祖为“先蚕”（蚕神），以表示对她的尊敬。

用我们现代人的眼光来看，一项技术从开始到投入生产，需要经过酝酿、多次尝试和失败之后才能成功。况且从野蚕中选出优良品种，驯化后用人工饲养，再取茧缫丝织绸，这里面有许多环节。要完成整个过程，必须在各个环节的技术上取得突破，那就需要极其漫长的岁月及许多代人的呕心沥血。

把这样巨大的功绩归于一人，那是不合常理的。

看来要在历史记载中具体地找出发明人是不可能的，我们只能依靠近代考古学者的发掘和研究工作，来考证蚕丝起始的时代。

2. 出土文物的证明

在没有文字记载的情况下，考古出土的文物资料是说明蚕桑丝绸起源最可靠的证据。令人欣喜的是，自 20 世纪 20 年代以来，我国黄河流域和长江流域都有史前时期有关蚕桑丝绸的文物出土，为我们考证蚕桑丝绸的起始时代，了解史前时期蚕桑丝绸生产的情况，提供了宝贵的实物资料。

1926 年，清华学校（今清华大学）的一个考古队，在山西夏县西阴村一个距今五六千年的仰韶文化遗址中，发掘出半枚被刀子切割过的蚕茧。这半枚蚕茧的出土，在国内外研究中国历史的学者中，立即引起了轰动，因为它是当时能借以考证中国蚕丝起源的唯一实物凭证。许多人对这半枚蚕茧的种性、年代及其意义，进行了考证和分析。有人认为这是半枚家蚕茧，并根据该遗址同时出土的纺轮，推断当时已经开始养蚕、抽丝、织绸。这半枚蚕茧的出土，使中国是“丝绸之源”的说法获得了实证。

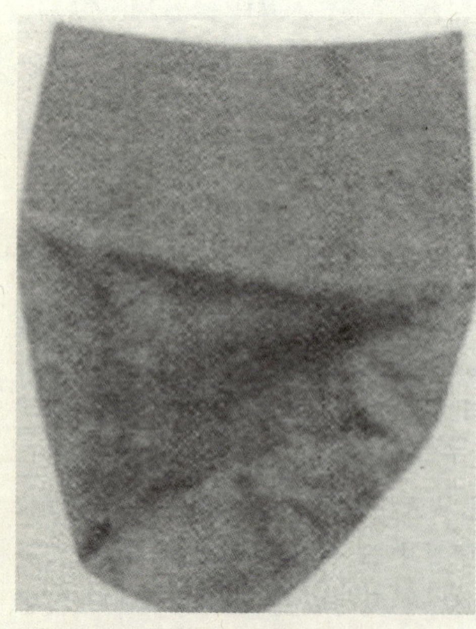

山西夏县西阴村仰韶文化遗址出土的蚕茧

1958 年，在浙江省吴兴县钱山漾一个新石器时代遗址中，发掘出一批丝织品，有残绢片、丝带和丝线等。经鉴定，绢片是用经过缫丝加工的家蚕长丝织造，采用平纹织法，每平方厘米有经纬纱各 47 根，丝带为 30 根单纱分 3 股编织而成的圆形带子，可能供妇女用作腰带。这个遗址离现在有 4650 年至 4850 年。也就是说，在距今大约 5000 年前，太湖流域不仅出现了蚕桑丝绸生产，而且达到了相当高的工艺水平。经纬线均匀而平直，单位面积经纬纱数量相等，结构相当紧密，表明当时已经掌握了缫丝技术，并有较好的织绸工具。显然，蚕桑丝绸生产已经存在了相当长的时间，蚕桑丝绸生产的起源时间比这要早得多。

钱山漾遗址出土的丝织品

浙江余姚河姆渡遗址的出土文物资料告诉我们，大约在距今7000年以前，我们的祖先就可能开始利用蚕丝作为纺织原料了。1973年至1978年，我国考古工作者曾分两期对这一遗址进行发掘。在出土文物中，除抽纱捻线用的木、陶、石纺轮外，还发现了原始织机的一些部件，如木质打纬刀、梳理经纱用的长条木齿状器和两端削有缺口的卷布轴等。虽然没有纺织品和纺织原料实物被发现，但有一个牙雕小盅出土。小盅外壁雕刻有编织纹和四条蚕纹的一圈图案。同时出土的还有陶猪和划有稻穗纹、猪纹图案的陶盆等。把这些联系起来分析，说明蚕和稻、猪一样，已走进当时居民的经济生活，野蚕已进入户内饲养阶段。而编织纹和蚕纹组成一个完整的图案，则反映出蚕和织之间密不可分的相互依赖关系。原始状态的蚕桑丝织生产可能已经出现了。

在黄河流域，1984年考古人员在河南省发掘荥阳青台村一处仰韶文化遗址时，发现了距今约5500年的丝织品和10余枚红陶纺轮。这些丝织品实物大部分被放在儿童瓮内，用作包裹儿童尸体，大都粘在头盖骨上。丝织品除平纹织物外，还有浅绛色罗（罗是一种较为轻薄透孔的丝织物，其外表特点是稀疏、有空隙，并有皱感），组织十分稀疏。这是迄今发现最早的丝织品实物。凭实物本身还难以判断当时丝织生产的发展水平，在一般情况下，裹尸布总比服饰用布稀疏和低劣。裹尸丝帛稀疏，不一定表明丝织技术原始和低下。相反，用丝帛包裹儿童尸体，说明丝织品比较充裕，丝织生产已有某种程度的发展。

除丝织品实物和纺织工具外，在距今约5000年前的南北各新石器时代文化遗址中，还发现了若干蚕形、蛹形饰物。1921年，在辽宁砂锅屯的仰韶文化遗址中，有件大理石蚕形饰物出土。1960 年，山西芮城西王村的仰韶文化晚期遗址中，发现了一个陶制的蚕蛹形装饰。陶蚕蛹长 1.8 厘米，由 6 个节体组成。1963 年，江苏吴县梅堰良渚文化遗址出土的黑陶器皿上，绘有蚕纹图饰。1980 年和 1981 年，在河北正定南杨庄仰韶文化遗址出土了两件陶蚕蛹，各长 2 厘米，腹径 0.8 厘米。据鉴定，这是对照实物仿制的家蚕蛹，其形制同芮城西王村遗址的陶蚕蛹十分相似。遗址中还发现了既可用于理丝又可打纬的骨匕 70 件。

上述考古发掘资料说明，在距今 5000 多年前，黄河中游和长江下游地区都已出现蚕桑丝绸生产，并有了相当程度的发展。其最初起源当应更早，准确年代则有待新的考古发掘资料的证实。黄河流域和长江流域蚕桑丝绸生产的起源和早期发展，是平行的，各自独立的，既无明显的时间先后，也无明显的传播和承接关系。所以说，我国蚕桑丝绸生产的出现是多源的。

二、殷周时期的丝绸发展

1. 青铜器上的丝绸残片

近代以来，我国出土了许多历史文物，其中有一个奇特的现象，那就是铜器外面用一层丝绸包裹着。由于年代久远，丝绸已被腐蚀成残片。这个现象说明了什么？我们从这里又能看到什么？

从黄帝时期（新石器时代晚期）以后，大约经过1000年，中国历史跨进了殷商时代。这时，我国丝绸也有了长足的发展。

历史学家称距今3000多年的殷商时期是“中国历史的开幕”，因为有文字记载的历史正是从这时开始的。

让我们先用周秦以后古籍上记载的一则历史小故事来看一看殷商时期丝绸生产的情况吧！

故事《伊尹使亳》，见于《管子·轻重甲》，书中载：“昔者桀之时，女乐三万人，端噪晨，乐闻于三衢，是无不服文绣衣裳者。伊尹以薄（亳）之游女工文绣纂组，一纯得粟百钟于桀之国。”

故事中讲到的伊尹是夏末商初的一个能人，辅佐汤建立了商朝。《管子·轻重甲》中记载说，从前夏桀时，有乐女三万人，歌声乐声在路上都能听到，她们无不穿着华丽。伊尹便叫薄（亳）地无事可做的妇女织出华丽的衣料。一匹织物可以从夏桀那里换来百钟（古代计量单位）粮食。

这则历史小故事虽不是殷代人的记录，但可以让我们窥见殷人对待蚕桑丝织的态度。现在我们来看殷代的文字实录——20世纪以来陆续发现的我国最古老的文字“甲骨文”。

殷人因对许多自然现象无法解释而信仰鬼神，做什么事都需要占卜求卦，尤其是重大的事情是非占卜不可的。而他们又常把占卜的内容用刀刻在龟甲或兽骨上，这就形成了“甲骨文”。今天，我们可以据此认识当时的社会情形。经过科学家研究，殷代甲骨文上已有蚕、桑、丝、帛等文字，而且应用得极普遍了。

据说，在现已发现的4000多个不重复的甲骨文字中，能辨认字义的，仅1000字，而在这1000字的甲骨文中与蚕桑丝织有关的文字又频繁出现。因此，我们可以推知，殷商时代蚕桑丝织品一定是在社会上较为普遍的，绝不是什么稀有事物。

我们再看两则殷代甲骨文上完整的占卜内容。

一则占卜说：“贞元示五牛，蚕示三牛。十三月。”即说，祭祀殷人老祖宗用五头牛，祭祀蚕神要用三头牛。

这则占卜不仅把蚕当作神来祭祀，而且把蚕神与老祖宗并列奠祭，由此可见蚕桑在殷人心目中所占有的崇高地位。

另一则占卜说：“戊子卜，呼省于蚕。”

甲骨文中的“蚕”字

像这样刻着“呼省于蚕”卜辞的甲骨，一共多达9片。这就是说，占了9次卜。而“呼省于蚕”的意思就是呼吁赶快派人去省察蚕事。这是殷代中兴时期武丁王朝的事情。为什么要这么紧急地呼吁呢？那一定是蚕事遇到了不顺利的事。连呼9次，可见武丁时期殷人对蚕事的重视程度。

值得庆幸的是，我们今天可以看到殷商时代丝绸的实物了，虽然它只是一些残片，但比新石器时代浙江钱山漾仅有的绢片要清晰。

殷人认为铜器尊贵，喜爱用丝绸包裹，当时贵族又有厚葬之风。因此，当时的丝绸得以保留至今。在河南安阳的殷商贵族墓葬中发现了一个铜钺，上面包裹着一块已经腐烂的绢绸。此绢绸残痕经鉴定是一回纹形花纹织物，一般称为“回纹绢”。“回纹绢”是我国殷商时期特有的丝织品种，当时的贵族们也常用它们来做服饰。在中国历史博物馆里陈列着一幅根据殷商时代石刻残像复原的画像，画中人物的服饰就是这种“回纹绢”。

1973 年，在河北省藁城台西村殷商遗址的出土文物中发现了粘在铜觚上的丝织物，其中有平织物“纨”、平纹“纱”、绞丝“纱罗”和平纹“绉”之类的“縠”。尤其是最后这种被称为“縠”的丝织物既轻盈透明，又富有弹性，具有较高的工艺技术水平，是目前我国能见到的年代最早的一块丝绸实物。

此外，在故宫博物院保存着一把殷商时代的玉戈。这把玉戈上也有包裹丝织品的残痕，在残痕中有一处可以清晰地看出是雷纹形的纹绮。

2. 西周时期的丝绸

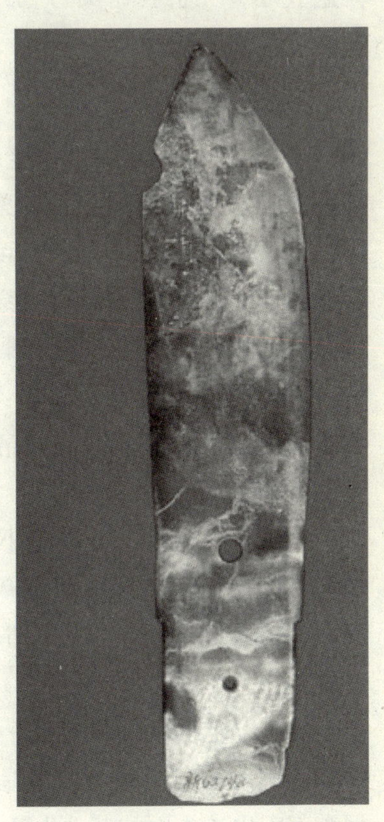

商代玉戈上的织物印痕

历史的车轮在不停地运转。到了西周时期，中国丝绸及其生产又是一番新的景象。两千多年以来一直流传着的一部从西周到春秋时期的诗歌总集——《诗经》，可以给我们丰富的丝绸知识，尤其是在《诗经》的“风”（即民歌）之中。让我们摘录几首读一读。

《豳风·七月》是陕西的一首民歌。诗中的第二段唱道：“春日载阳，有鸣仓庚。女执懿筐，遵彼微行，爰求柔桑。”春天里好太阳，黄莺儿唱得欢。姑娘们背起那高箩筐，齐整地走在乡间的小路上，去采摘那新鲜的柔嫩桑叶。

接着，第三段又唱道：“七月鸣鵙，八月载绩。载玄载黄，我朱孔阳，为公子裳。”七月里伯劳鸟儿叫得忙，八月里织布更紧张，染出的蚕丝有黑又有黄，红颜色的纹绮更漂亮，为那公子缝衣裳。

从《豳风 · 七月》里我们看到了周代蚕桑丝织的繁忙劳动景象。

《魏风 · 十亩之间》是西北地区的一首民歌。诗里有两段是这样唱的：

十亩之间兮，桑者闲闲兮。行与子还兮。

说的是：十亩田间是桑园，采桑人儿真悠闲。走吧，与你把家还！

十亩之外兮，桑者泄泄兮。行与子逝兮。

说的是：十亩田外是桑林，采桑人儿笑盈盈。走啊，与你携手行！

这两段民歌都是采桑姑娘呼唤伙伴们快回去。值得我们注意的是，当时桑田之规模——以十亩为一块，采桑姑娘们在集体劳动。

《郑风 · 将仲子》是河北的一首民歌。诗中有一段这样唱道："将仲子兮，无逾我墙，无折我树桑。"那个捣蛋的小二哥呀，你不要来翻我家的墙，别折断了我家的桑树。

这是一对热恋中的青年男女，姑娘深深地爱着她的"小二哥"（诗中的"仲子"，就是我们通常说的"老二"），但却不让他爬墙到院子里私会，以免弄断了桑树枝。可见院子里的桑树，对她家来说是至关重要的。孟子说："五亩之宅，树之以桑，五十者可以衣帛矣。"如果每家都在分得的五亩地上种上桑树，50 岁的老人就可以穿上舒适的绸子衣服了。姑娘家的院子里种的那些桑树，或许就是为了养蚕缫丝织绸，为她的父亲缝衣呢。

《卫风 · 氓》写得更有趣："氓之蚩蚩，抱布贸丝。匪来贸丝，来即我谋。"你看那人老实忠厚，抱着丝帛来做买卖；他哪里是要做买卖，分明是找借口要和我商量婚事。

在这里，交易双方都是小生产者，一个生产麻布，一个生产蚕丝，都需要对方的产品，结果出现了麻丝之间的直接物物交换。从那男子以"抱布贸丝"为掩护向那女子求婚的举动看，这种麻布和蚕丝的交换在当时已经相当普遍。

仅从以上摘录的《诗经》片断中我们便可以窥见西周到春秋时期蚕桑丝织和民间习俗。值得注意的是，当时蚕桑丝织地区分布很广，有许多地方的民歌都唱出这方面的劳动生活，如《邶风 · 绿衣》《鄘风 · 桑中》《曹风 · 鸤鸠》等。

周代已经大规模使用青铜器了。当时的社会统治阶级喜欢把功绩、事件等用文字刻在铜制钟鼎上，叫“铜器铭文”。现在，我们也可以据此了解当时的社会情况。故宫博物院藏有一件西周孝王时的铜鼎，是一个叫曶的奴隶主的，通称“曶鼎”。鼎上的铭文记载了一件与丝绸有关的诉讼事件：一个名叫曶的人，一次用一匹马和一束丝到市场去换五个奴隶。但奴隶的主人嫌东西少，不愿换，结果以物交换没有成功。后来，曶又改用货币去交换，但奴隶主人也不换。于是，曶就向司法部门起诉，诉讼结果是曶本人获得了胜利。

陕西宝鸡茹家庄西周墓葬出土的刺绣

这个故事使我们了解到，周代社会一方面奴隶的人身自由被轻视，可被任意买卖；另一方面又说明那时的丝帛已被用于物物交换。

1975 年，陕西宝鸡茹家庄发掘了两座西周墓葬，出土的文物中有玉蚕项链和丝织品。这些丝织品或附在铜器上的印痕里，或附在尸骨下的淤泥中，堆叠了三四层，可见数量之多，品种则有绢、经锦和刺绣。其中，经锦的出现标志着我国丝绸织花技术有了重大发展。

从以上丝绸残片实物可以看出，殷周时代丝绸的生产技术，尤其是到了西周，已经相当高了。

三、春秋战国时期的丝绸繁荣

1. 兴旺的蚕桑丝织事业

我国古代有一位著名的诗人叫宋玉，他写过一篇与丝绸有关的《神女赋》。在《神女赋》的序里，宋玉描写神女时说，这个女子漂亮得简直是“上古既无，世无所见”；她开始来的时候“耀乎若白日初出照屋梁”，她再近一点又“皎若明月舒其光”。宋玉叙述到这女子身上穿的衣服时，说她“罗纨绮缋盛文章，极服妙乎照万方”。

宋玉是战国时期人。如果战国时期我国丝织业不发达，丝绸不漂亮，那在宋玉的笔下是不会出现美丽的“神女”所穿的照射万方的“罗纨绮缋”丝绸服装的。

我国春秋战国时期的丝绸生产也像当时的诸子百家争鸣一样，各呈异彩，热闹非凡。

周代以农立国，重视农桑，再加上冶铁技艺发明和铁制农具的应用，使社会生产有了迅猛的发展。这时，丝织业官营和民办同时开展。政府设有各种机构管理丝绸生产，如设有“典妇功”管理丝麻，设有“典丝”管理丝织品验收、储存和发放，设有“染人”管理丝帛染色，设有“画缋”负责丝织品画花和绣花等，管理民间丝织业有“载师”官。每逢四时八节，王室和贵族们都要穿上丝织的礼服，各种仪仗旌旗都要用丝绸制作，并有专官管理。

周朝政府还制订了许多促进蚕桑生产的政策，如“凡庶民……不蚕者不帛”。这就是说，凡是平民百姓，不养蚕的不准穿丝织服装。又如，规定将蚕丝作为赋税征收，这样就使老百姓不得不从事蚕桑丝织。另外，当时诸侯

宋玉雕像

各霸一方，列国争雄，各国又都奖励蚕丝生产，用以当作富国利民的要策。

在民间，丝绸生产也很普遍。当时养蚕织绸是民间妇女主要的劳动。据说妇女在出嫁前，都得学会纺织的基本技能，并终身从事这种劳动。“男耕女织”好像是自古以来不可移易的习惯和传统。这就是所谓“男子不织而衣，女子不耕而食，此圣人之制也”。即：男子不织布而有衣穿，女子不耕地而有饭吃，这是圣人定下的规矩。孟子见梁惠王时，也说到老百姓在房前屋后墙脚下种桑，妇女养蚕织绸的活动：“五亩之宅，树之以桑，五十者可以衣帛矣。”

可见当时丝绸生产已经普及，但对平民来说，丝帛仍是稀罕之物。孟子推崇尊敬老人的礼教，所以说“匹妇蚕之，老者衣帛”。

当时政府对民间蚕丝的生产是支持的，特别是战国时期，各国统治者都劝课蚕桑，常颁布保护蚕桑的法令。秦国商鞅变法时，对生产缯帛多的人免除徭役。最有代表意义的是，楚国和吴国竟为边境桑树之争打了起来。

楚国有个叫卑梁的地方与吴国交界，卑梁的姑娘常与吴国边境城邑的姑娘一起在两国边境上采摘桑叶。有一次，两边的采桑女因争夺桑叶发生纠纷，吴国的姑娘伤了卑梁的姑娘，于是卑梁人带着受伤的姑娘去责备吴国人。那个吴国人应答得很不恭敬，卑梁人十分恼火，一怒之下便杀死了那人。吴国人闻讯十分愤怒，许多人越过边境将那个杀人的楚国人全家都杀掉了。

事情上报到了卑梁的守邑大夫那里，卑梁大夫大怒道：“吴国人竟敢攻打我的城邑！”于是带兵去攻打吴国人，将全邑老弱都杀光了。吴王夷昧得到报告后，十分恼怒，马上派大将率领大军进攻卑梁，结果一举攻下，并把它夷为平地。从此以后，吴楚两国战争不断。

这个故事从侧面反映了战国诸侯各国对蚕桑的重视，为了争夺几张桑叶，最后发展至兵戎相见，可见“蚕茧大战”古已有之。

随着独立自由民数量的增加，丝绸贸易必然愈来愈发达。韩非子是战国时代有名的法家，他曾说过这样一个故事。鲁国有个人善于织履，他的妻子善于织缟，他们准备搬到越国去住。有人对他说：“你们到越国去一定会受穷。”鲁人惊问为什么，解释是：“履是穿在脚上的，但越国人习惯于赤脚；缟是做帽子的，但越国人是披发不戴帽的。你们两人都有一技之长，到了越国却成了无用之才，不穷才怪呢！”这篇寓言有深刻的哲理，也反映了以生产丝绸商品为职业的自由民的存在。

丝绸贸易的兴盛必然促使丝绸商品规格的出现，使得买卖双方能够按质论价。《韩非子》里还有一段“吴起出妻”的故事。

吴起，卫国人，曾学于孔门弟子曾参之子——曾申。因其不奔母丧，曾申厌恶他的为人，将他逐出师门。其后又学兵法，到鲁国为大将，打败齐国；又因受贿畏罪逃亡魏国，魏王用他守河西。当吴起未显达时，在家做丝带生意，让他的妻子织带，他自己拿到市场去卖。他发现妻子织的带幅度太狭，不合市场要求，就让其妻改阔，妻口头答应说“好的”，结果带子织出来，量量还是不合规格。吴起生气了，说：“怎么搞的？”妻子对他说：“我已整好经，无法再改变（幅度）了。”吴起一气之下，就把妻赶走了（即休了，古代丈夫单方面提出离婚，妇女只得无条件服从）。

韩非子讲这个故事的原意是什么，我们且不去讨论它，但有一点是非常明显的：在当时的丝绸市场上，竞争很激烈，不合规格或质量低劣的产品是卖不出去的。所以吴起对这个问题的重视也是理所当然的。至于是不是要上升到“出妻”的高度，用我们现代人的观点来衡量是无法理解的。

正是由于以上种种原因，春秋战国时蚕桑生产呈现一片兴旺景象。故宫博物院内展览着几件青铜器，上面十分逼真而又有艺术性地饰有当时人们在郊野的采桑图。有一幅叫“渔猎攻战图”，是公元前5世纪至公元前4世纪的文物，其中的局部是两人在树上采桑叶，一人在树下接桑叶，画面生动，形象逼真。另一幅叫“采桑猎钫图”，是公元前3世纪的文物。画上的采桑图饰在铜器腰部，共有两株桑树。一株与人共高，树下有两个人，一个是奴隶主，站着骂跪在地下的一个奴隶；另一株比人高大，一小人（小奴隶）站

刻有“渔猎”和“采桑”图案的春秋战国时期的青铜器皿

在弯腰伏地的大人（大奴隶）的背上采摘桑叶。画面的后方还有一条狗在监视着奴隶们劳动。像这样反映当时采桑劳动生活的画幅在春秋战国时期出土的器皿上屡见不鲜，说明当时社会蚕桑事业普遍而发达。

每年从农历二月开始，首先是周天子的后妃率领着公卿夫人，以及有爵位的贵妇到都城的北郊“公桑、蚕室”，做一些蚕事仪式，以示郑重和倡导。然后，全国平民就开始了真正的蚕事。

春秋战国时期，周天子已失去西周时的威风，但名义上仍然是天子。诸侯们朝见天子，或各诸侯间为了政治需要相互拜访、集会、结盟等等，都要在这些社交场合互相以丝绸或美玉馈赠。而赠送美玉时又往往需要搭配帛或锦。楚庄王有一匹心爱的马，他就拿织锦给马做衣服。此外，丝绸在当时还是重要的商品。战国时有一个大商人，名叫白圭，就是靠做丝绸和其他物品生意而成为大富翁的。

2.“齐纨”“鲁缟”与“卫锦”

周代丝绸生产大发展，古籍中多处反映了它产量和品种的增长。《尚书·禹贡》是现存中国最早的地理书，它记载着夏代全国各地的物产以及献给中央王朝的贡品，但它的成书大约是在春秋战国时期。因此，认为它反映的是周到战国时期的情况，大概是没有争议的。当时中国分成冀、兖、青、徐、扬、荆、豫、梁、雍9个州，其中6个州的贡品中都有丝织品。

第一是兖州，地处济水和黄河之间，当地种桑养蚕，贡品中有丝和织文。所谓织文，就是有花纹的丝绸，花纹是用提花的方法织成的。

第二是青州，位置在兖州的东南，大概是现在山东半岛及附近地区，生产丝和枲（麻中的雄麻），特别是莱夷贡品中有檿丝，这是指吃檿树叶的蚕吐的丝。莱是古国名，位置在山东黄县附近，公元前五六百年时被齐国所灭。莱人不但生产丝绸，而且精于丝的练和染。

山东历来就是丝绸的重要产区。《史记》记载，周代初年，姜子牙是周武王的老师，因为他帮助周武王灭商有功，被封在营丘（山东昌乐、临淄一带）。姜子牙在当地兴办手工业，鼓励人民从事渔、盐、漆、丝的生产，使齐国的丝绸手工业兴盛起来，赢得了“齐冠带衣履天下”的美名。战国时期，山东半岛上有齐、鲁两个大国，泰山之南为鲁，泰山之北为齐。齐桓公任用贤相管仲，治国有方，使齐国成为当时最富强的国家。《史记》记载，齐国有良田千里，种桑种麻，有彩色丝绸、鱼、盐等丰富物产。《禹贡》着重说山东地区丝绸产量大，是符合实际情况的。

第三是徐州，在青州的南面，大约是现在鲁南、苏北、皖北一带。贡品中“玄纤缟”，大概是指一种黑色的纤细丝绸。

第四是扬州，是指淮河以南地区。扬州的贡品十分丰富，其中有“织贝”，是指有贝壳花纹的织锦。

第五是荆州，大概是现在湖北、湖南和江西地区。贡品中有“玄纁玑组”，是黑色、红色交织的丝织品。

第六是豫州，主要是河南地区和湖北的北部。豫州“其利林、漆、丝、枲”，其中的“丝”显然是丝织品。

从《禹贡》记载可以看出，春秋战国时期我国丝绸生产十分繁荣，有大半个中国在生产著名的丝绸品种。那么，这是不是说，除《禹贡》记载以外，其他地方就不生产丝绸了呢？

当然不是！就拿周朝的发祥地——陕西关中一带和渭河两岸来说，那时称为雍州，也并不是不生产丝绸。《禹贡》说“雍州无篚”（篚是竹筐，用以装丝织品进贡）。这无非是说没有著名的丝织品进贡，并不是说没有丝绸生产。事实上，战国时著名的思想家孟子曾经向梁惠王建议在全国发展蚕桑事业——“五亩之宅，树之以桑”，这不会只是一句空话。而战国末期，秦国地处潼关以西的关中地区，著名的政治家商鞅辅佐秦孝公变法，富国强兵，为日后进取六国打下了坚实的基础。商鞅制定了法令,鼓励全国生产缯帛。谁生产得多，谁就可以免除徭役。所以，在陕西这个有着《七月》诗歌传统的地方，蚕桑丝织是绝不会断绝的。

除此以外，地处我国东南的江浙，蚕桑丝织也是很发达的。传说曾帮助越国反攻复国，设法离间吴国君臣的西施的故事，就反映了浙江丝绸业的发达。伍子胥借大军事家孙武助吴王阖闾打败楚国后，又助吴王夫差打败越国，俘越王勾践为人质。越王卑躬屈膝，侍奉吴王，获得吴王信任，被放回。归越后，越王卧薪尝胆，用大夫文种、范蠡二人，励精图治，准备复仇。范、文二人一致主张省赋敛，劝农桑，以增强国力，另一方面又广收美女财帛以取悦和麻痹吴王。范蠡游遍国中，终于在苎萝山下（今浙江诸暨）发现两位美女在若耶溪畔临江浣纱（漂洗丝织物），一个姓施（因住西村，故称西施），一个叫郑旦。这二人花容月貌，就像并蒂芙蓉。范蠡以百金聘之，使老乐师教以歌舞、化妆和仪态，教习三年，技态尽善，献之于吴王。

吴王夫差一见，疑是神仙下凡，魂魄惧醉。伍子胥进谏，吴王不听，就收了二女，宠爱异常。加以西施妖艳善媚，歌舞独步，从此吴王迷恋女色，终日玩乐，国势日衰。伍子胥再来劝谏，吴王就赐他一口宝剑，让他自尽了。最后的结局大家都知道，吴国被越国所败。

这些故事从侧面引证了战国时期的蚕桑生产，非但在黄河流域繁荣昌盛，地处江南的吴、越、楚亦已非常发达。这与地下出土文物是一致的，可以说故事没有夸张，而是如实地反映了当时情况。

另外，地处我国西南的四川也很早有了蚕桑丝织。四川古称“蜀”。“蜀”字就是最早的象形字“蚕”，因此，四川被称为“蜀国”或“蚕从国”。据《巴志》说，周武王灭殷后，蜀是周的属国，其地“土植五谷，牲具六畜，蚕桑、麻苎……皆纳贡之”。1975 年，在成都交通巷出土了殷周的铜戈，上面装饰着精细的作蠕动状的蚕形图像。1965 年，成都百花潭出土了一件蜀国本土制造的战国铜壶。壶的颈部饰有丰富多彩、细腻生动的采桑图。图上有两株桑树，左面树上有一女子采桑，另一女子正在攀树；右面树上有一男一女正在采桑，树上还悬挂着一个篮子；树下有男子七人，女子四人，有的采，有的运，有的轻歌曼舞，全图呈现出繁忙热闹的景象。

成都百花潭出土的战国铜壶及拓片

总之，春秋战国时期，我国丝绸生产十分繁盛，地域横跨九州，品种有新创造。诸侯列国的名产如“齐纨”“鲁缟”“卫锦”“荆绮”与“楚练”等成了百家争鸣时代的代表产品。

四、盛极一时的汉代丝绸

1. 文献记载中的汉代丝绸

公元前 221 年，秦始皇灭六国，结束了中国历史上长期列国纷争的战国时代。虽然秦朝短命，二世而亡，但给我们留下了一个统一的国家。历史进入了汉代。中国丝绸也像世界东方这个中央集权的赫赫大帝国一样，出现了它的第一个高峰时期。

说中国汉代丝绸是一座高峰毫不为过，它的影响所及历两千年而不衰。

中国丝绸大量传到国外是在这个时期。试想，如果当时丝绸生产量不大，怎能大量用于外交和外贸？如果当时丝绸质量不高，又如何能使威震四方的大帝国——罗马震撼？直到当代，仍有不少外国学者、专家、名流带着神奇而钦羡的心情，来探索和考察那曾经源源不断向西方运送华美丝织物的世界闻名古道——丝绸之路。

那么，汉代的丝织业是一个什么样的情景呢？让我们先通过史籍片断来窥探一下汉代丝绸生产情况。

汉代政府十分重视蚕桑丝织。为了发展蚕桑生产，专门设置了“蚕官令丞”的管理机构。到了蚕事月份，都城的东西南北四门大开，通宵达旦，便于群众采桑养蚕。对于丝织手工业，更是重视。除了民间丝织以外，官府在京城长安设立了“东织室”和“西织室”，在陈留郡襄邑和齐郡临淄设立了“三服官”。这些机构都各拥有数千名织工，专门为王室织制上等丝织品。

汉代的丝绸产量究竟有多少呢？我们先看一个小故事。当时浙江上虞县有个名叫朱俊的人，母亲以贩卖丝绸为业。他为了替同乡周起还百万官债，就偷卖了他母亲的大量绢帛。由此可以看出汉代丝绸贸易之大和家庭丝织工业之发达。另外，汉武帝在公元前 110 年的一次“巡狩”中，光“御赐”给臣僚的绢帛就达百多万匹。汉武帝在元封年间一年就向老百姓收绢税达 500 万匹。汉元帝时，王昭君在竟宁元年（公元前 33 年）嫁给匈奴呼韩邪单于时，光陪嫁就用了数百名侍臣、侍女和千钧绢绸。从以上皇家这些事例中可看出汉代丝绸生产量之巨。

汉代丝绸的质量又怎样呢？还是让我们用一则事例来先说个大概。汉成帝有一个爱妃叫赵飞燕，原为阳阿公主家的歌妓，据说她姿色艳丽，身轻如燕，永始元年（公元前 16 年）当上了皇后。众臣进献给她的丝织品礼物五彩缤纷，有金花紫帽、金花紫罗面衣、织成上襦、织成下裳、鸳鸯被、鸳鸯褥、金错绣裆、七宝綦履……

总之，汉代的丝绸生产十分繁盛。西汉末年著名文学家扬雄在他的《蜀都赋》中描述过当时的丝织盛况。他说，成都地方的人们，挥起手腕来织锦，或展开布帛来刺绣，简直就像丛生的芒草，无边无际。这些人能织出奇妙的锦缎，花色品种又是那样的纷繁众多。

西汉大辞赋家司马相如

正由于汉代的丝绸生产水平高超，引起了社会的广泛重视。起源于战国时代的富于文采的辞赋，到了汉代曾风靡一时，出了一些著名的大辞赋家。当时首屈一指的大辞赋家司马相如就受到丝织的影响和启发。有一次，他的朋友盛览请教他作赋的技巧是什么，司马相如回答说：“合綦组以成文，列锦绣而为质，一经一纬，一宫一商，此赋之迹也。”这真是一个美妙而恰当的比喻——作赋如织锦，既要有严密的组织，又要有巧妙的构思；既要色彩错综，又要音韵协和！司马相如深知丝织的奥妙，并把其技艺精髓应用到写作上来了。

汉代的丝织盛况，在东汉时的大文字家许慎所著的我国历史上第一部大字典——《说文解字》中也反映得十分鲜明。这本字典里收有蚕丝古字多达100多个。仅以丝染古字来看就有20多个，例如，缃（帛浅黄色）、缲（帛如绀色）、红（帛赤白色）、紫（帛蓝赤色）、绛（帛大赤色）、绿（帛青黄色）、绯（帛赤色）、缛（繁彩色）、缇（帛丹黄色）、缁（帛黑色）、绀（帛深青杨赤色）、缥（帛青色）等等。这些字都以“系”字为偏旁，说明当时丝织染色之丰富和应用之广泛。《说文解字》中还有另一些字，现在已为表达一般意义或思想感情的常用字，但它们起初都与蚕丝、丝绸有关，如“继续”二字,都从“系”旁。“继”字原意为茧丝连续不断；再如“断绝”的“绝”字，表示丝断了；再如“绸缪”“缠绵”等字，本意是裹绕锦缎、丝絮之类物品，有柔软舒适之感，现在转化为一种软绵、纠缠的情愫之意。由此可见，到了汉朝，丝绸给人民生活、思想感情都带来了巨大而深刻的影响。

汉代丝绸的著名产地，东汉人王充在他的《论衡》中提到：“齐郡世刺绣，襄邑俗织锦。”“齐郡”在今山东一带，以绣织而闻名；“襄邑”在今河南境内，它的织锦当时堪称全国第一，世称“襄锦”。除此之外，四川的蜀锦，东汉时已经闻名全国。

2. 大量出土的汉代丝绸

以上叙述都是根据当时可靠的文献记载，但文献不等于实物。汉朝的丝绸究竟是个什么样子呢？我们还是可以通过现代大量考古发现来看到的。这些实物在国外，蒙古诺因乌拉、朝鲜古乐浪遗址、俄罗斯南西伯利亚叶尼塞河左岸奥格纳哈特地区，以及叙利亚沙漠中的帕米拉等地都有发现；在国内，新疆、甘肃、内蒙古、湖南、湖北、山西、河北等地也有大量出土。

新疆是汉代丝绸往西输出的一条通道，出土的汉代丝绸在质量上、品种上都属上乘。由于新疆特有的干燥气候，这些丝绸能完整地保存下来，有些

东汉“万世如意”锦袍

丝绸的色彩仍很鲜艳。1959年，在民丰北的一座东汉墓葬中发现大批丝织物，有三种是织出铭文的平纹经锦，其中用绛、白、宝蓝、浅驼、浅橙五色丝线织成的“延年益寿大宜子孙”锦，据研究，需要75片提花综才能织成，大约是当时制作最复杂的一种织物。另外两种是用绛、白、绛紫、淡蓝、油绿五色丝线织成的“万世如意”锦和用绛紫、白、黄褐三色丝线织成的菱纹“阳”字锦。出土的各色绢大面积施染均匀，染色纯正，是东汉染品的代表作。新疆另一重要出土地点是罗布泊旁边的楼兰，是古楼兰国所在地。19世纪以来，一些帝国主义国家的“探险家”“考古家”不断地出现在这个地方，他们巧取豪夺，大事盗掘，把发掘所得作为“战利品”带回国去。1913年，斯坦因在楼兰发掘的许多丝绸文物中，有浮织、缀织的锦和刺绣品，极有价值。

甘肃武威磨咀子，位于祁连山麓，也有规模很大的汉墓群。甘肃博物馆从1957年开始发掘，1959年在一东汉墓中得苇胎针凿篋一件。篋面四周用赭白两色平纹经锦缝成宽边，中心缀饰一幅绢地刺绣，所用绣线极细，是前所未见的。边框所用平纹经锦极为薄平，和以前发现的厚重汉锦不同。1972年又发掘三个墓，是西汉末至东汉时期的，陪葬品保存良好，有方孔纱、冠纱、花罗、锦等，还有套色印花、轧纹绉等罕见品种。

甘肃嘉峪关也有四座汉墓，出土深红绮衣、三色裙带等一些残片。引人注目的是，墓室中有大量画像砖，画像砖与彩绘壁画共存。这些画像砖的题材非常丰富，前室是庖厨、炊事、农耕、放牧，但主要是与狩猎、军事有关的画面，是表现男主人生活的；中室和后室则表现女主人的生活，画着成卷的绢帛，有丝束、蚕茧以及妇女采桑图，从中可以看出丝绸生产和人们生活的密切关系。

内蒙古额济纳河流域有一大片汉代遗址，有堡垒、家屋、坟墓等。1913

年至 1941 年，被一些外国考察团所发掘，出土的汉代丝绸残片数量很大，色彩非常丰富，这是染色工艺成熟的明证。遗憾的是，这些文物目前不在我们中国人民手里。

山西省阳高县古城堡一带有汉代古墓群，1943 年开始发掘。第十二号坟出土刺绣棺盖、织成锦等，并有“耿婴”印章一枚，显然是墓主人的姓名。第十七号坟出土漆器上有“鲁相”字样，表明这些墓主人都是边区官吏。

在汉代丝绸出土实物中最令人震惊的要数 20 世纪 70 年代初期发现的长沙马王堆墓葬。看过了这个墓葬你就会对汉代丝绸惊叹不绝，同时，也可以强烈地感受到汉代丝绸的灿烂光辉。

长沙马王堆汉墓一共有 3 个墓葬，是公元前 2 世纪西汉初年被封为轪侯的利仓一家的墓地。一号墓是利仓夫人的，二号墓是利仓本人的，三号墓是他们的一个儿子的。1972 年 1 月至 4 月发掘了一号墓，出土的丝织品其绚丽多彩简直令人眼花缭乱，一共有 114 件，大部分保存完好。这是我国考古史上罕见的发现，是汉代遗留下来的一座丝绸博物馆。这些丝织物中，衣着、鞋袜、手套等服饰，约 40 件；杂用丝织物约 20 件；整幅或不成幅的丝织物约 50 件。其中包括目前所了解的汉代丝织物的大部分品种，有绢、罗、纱、锦、绮、绣等。丝织物的颜色有茶褐、绛红、灰、朱、黄棕、棕、浅黄、青、绿、白等多种色彩。花纹的制作技术，有织、绣、绘等。花纹的纹样，有各种动物、云纹、卷草、变形云纹，以及菱形、几何纹等各种花样。服饰类，有绛绢裙、素绢裙、素绢丝绵袍、朱罗丝绵袍、绣花丝绵袍、黄地素绿绣花袍、泥金银彩绘罗纱丝绵袍、泥金黄地纱袍、彩绘朱地纱袍、素罗丝绵袍、素菱纹罗袍、红菱纹罗绣花袍、绣花手套、素罗手套、朱罗手套、素绢袜、丝鞋、丝头巾等。杂用类，有锦绣枕、绣花镜套、绣花香囊、绮绣香囊、绣罗锦地香囊、朱墨彩绘纱带、素绢包袱等。

一号墓出土的丝织物最为令人惊叹的有三类物品。一是方孔纱，其质地轻薄，有方形纱孔。有一块纱料，幅宽 49 厘米，长 45 厘米，而重量只有 2.8 克。这就是说，像这样大小的纱料将近 18 块，才只有 50 克重。而另一件素纱禅衣，衣长 128 厘米，袖通长 190 厘米，重量只有 49 克，还不到 50 克重。像以上这种方孔纱与汉代另一种“蝉翼纱”十分相近，要求织造精细。由此可见，古人形容轻纱为“薄似蝉翼轻如烟”，这绝不是什么夸张之词，而是如

马王堆出土的汉代素纱禅衣

实的描写了。二是起绒锦，其花纹由绒圈组成，有浮雕状的立体效果。这种锦又称为绒圈锦，在汉代以前极为少见；花型层次分明，外观甚为华丽；绒圈有大小相等，有大小相配，主要用来做衣服、被子的镶边，或制作香囊。它要求有相当高的织造技术。在两千多年前的古代，要织出这样华贵的织物却非易事。这种绒圈锦如果把绒圈剪断、丝头散开，刚好就是我们今天的提花丝绒。三是覆盖在内棺上的彩绘帛画。面幅全长 205 厘米，上部宽 92 厘米，下部宽 47.7 厘米，四角缀有旌幡飘带，图像线条流畅，描绘精细，色彩对比强烈，十分绚丽。全画从上到下，表现了天上、人间、地下的景物，想像丰富，写景生动。毫无疑问，这是我国古代帛画的罕见珍品。

1973 年 11 月至 1974 年，又发掘了二号墓和三号墓，出土的丝织品与一号墓大体相同。但是，在三号墓中又发现了不可多得的稀世珍品——马王堆帛书。这些帛书共有 20 多种，总字数达 12 余万字，是大部分早已失传的古籍，其中《老子》《易经》和《战国策》三部古书，与传世的今本有些差异，确实是弥足珍贵。

马王堆帛书的出土，使学者们大开眼界。因为帛书在文献上曾多次出现，可实物、形制究竟如何，谁也说不清楚。现在人们终于亲眼看到了在纸没有发明普及以前，在丝绸上写字的古代帛书的真实面貌。

五、三国、两晋、南北朝的丝绸

1. 石崇与王恺竞奢

中国历史上有过这么一个有趣的故事——《石崇与王恺争豪》。西晋时，卫尉石崇非常富有，可称得上天下最富的人。他积聚着无限的财富，屋宇宏大华丽，妻妾成群，个个都身穿纨绣，满头珠翠。家里有世上最好的乐队，厨房里做着国内最好的山珍海味。他还在京都洛阳西北筑了一座别墅，名“金谷园”。据他自己在《金谷园诗序》中说，他有一个别庐在河南县界，金谷涧中，有清泉、茂树、翠竹松柏、各种果树药草具备。他还常和贵戚王恺、羊琇一般家伙炫比财富，竞相奢靡。王恺家用饴糖润釜，石崇家就以蜡代替柴火。王恺以紫色绸缎做40里步帐，石崇做锦帐50里来超过他。据说有一次，皇帝赐给王恺一枝三尺多高的红珊瑚，王恺兴高采烈地拿到石崇家夸耀。怎知石崇竟操起铁如意向红珊瑚砸去，把它拆为两段，王恺大惊失色。这下子祸可闯大了，这是皇上赐予的，如果皇上怪罪下来怎么办？石崇竟哈哈大笑，说：“别急！”当下吩咐仆人：“来呀，拿两枝出来给瞧瞧。”仆人

石崇

拿出红珊瑚数枝，枝枝比三尺高，有四五尺，而且颜色更鲜艳。石崇对王恺说："你随便拿吧！"王恺这下可比输了。据《拾遗记》载，石崇还将沉香木（一种高级香料）研成粉来，撒在象牙床上，让所爱的人践踏。

还有一则故事更有趣，说有一次石崇宴会请客，有一个客人想方便，问侍从厕所在哪里。侍从指明后，客人沿着他所指的方向走进去。一看四面用锦绣围着，香气扑鼻，如同闺房，客人大惊，以为误入内室，急忙逃出来，再问侍人。这回侍从领了他进去，才知道原来石崇家的"厕所"也这样豪华。

无独有偶，到了南北朝的北魏时，河间王元琛最为富有，常常要和高阳王元雍争个高下。他造了一座"文柏堂"，形状很像徽音殿，还设置了金缸、玉井，用五色丝织绳将它们挂起来。王元琛常常对人家说："晋代的石崇算什么？他还是个庶姓（指平民的姓氏，不是贵族）呢，尚且能头戴锦鸡羽冠，身穿狐腋裘袄，而像我这样堂堂大魏（指北魏）的皇族，怎么还不能华奢？"于是在后园造了一座迎风馆，装饰极度奢华，金瓶玉碗都是从西域引进，中土没有的。又造了很大的仓库，里面放满珠玑、锦毯、罗绉之类，绣、绫、葛、绢等不计其数。由于国家殷富，仓库爆满，钱绢放在露天的也不知多少。于是太后将绢赐给百官，让他们自己随便拿，只要拿得动。众朝臣无不拼命拿。据说还有些年老的官员因拿得太多而摔伤了呢！

西晋王朝（266年—316年）结束了汉末豪强割据，魏、蜀、吴三国鼎立的局面，形成了短暂的大一统局面。虽然中间也曾出现过一段繁荣景象，可惜时间不长，接下来就是皇族豪门之间的混战——八王之乱，国家元气大伤。内迁的诸民族乘机举兵，豪门大族和百姓大量南迁。316年，西晋被前赵所灭，北方进入五胡十六国时期。317年，司马睿在建康（今南京）即晋帝位，东晋由此开始。晋朝的豪门大族都跟着南迁，给南方带来了繁荣，丝织工业十分发达。后来东晋亡，宋、齐、梁、陈更朝换代，总称南朝。

晋初赋税随曹魏，每户每年上缴绢3匹，绵3斤（魏时缴绢2匹），女和次丁减半。由于全国上缴丝织品实物，国家绢帛大量增加，所以晋时王室赏赐大臣及有功之臣多用绢匹，一赏几百匹根本不在话下，累计数千匹，甚至上万匹的都有。所以上面所说的石崇竞奢，是有其社会基础的。

再说北朝，历史上有"五胡十六国"，最后北方由北魏拓跋氏所统一。北魏早期赋税征收粮食、马牛等，到北魏孝文帝延兴三年（473年）皇帝下诏："河南六州每户收绢1匹，绵1斤，粮食30石。”虽然征绢比晋少，但粮的数量还是很大的。到太和八年（484年）又下诏加重。所以《洛阳伽蓝记》中说，当时洛阳市肆壮丽，商业繁荣，帝族王侯，都修筑园宅，相互夸耀财富。上面所说的河间王元琛的故事，就是在这样的背景下产生的。当然，这种繁荣只是表面繁荣，民众还是苦于战乱和苛捐重税，质妻卖子，流离颠沛，呻吟道旁，生活于水深火热之中。

2.出土的大量丝织物

三国、两晋、南北朝，前后大约370年。这个时期丝绸的生产既受到战乱的摧残，又受到一些有识之士的奖励和扶植。在当时税收制度的影响下，生产增长，技术上也有创造性的进步，再加上当时商业发达，商品流通量大，总的说来是有一定发展的。

这个时期丝织物的品名集中在《广雅》和《玉篇》两部典籍中。

《广雅》是三国时魏人张揖所著,收集资料范围很广，故称《广雅》。《广雅》命名的特点是把丝制品分成绢、缣、素、丝、绸、绡、练、纩、絛、彩十类，其中“彩”是指有彩色花纹的丝绸。对于单色的丝绸，《广雅》另有一段文字叙述，其中部分文字带“糸”旁，是常见的单色丝绸的名字。

《玉篇》是南朝梁人顾野王所撰，是一部辞典，在它的糸部、系部、素部、丝部中记载了丝织物和染色丝织物的名称。这些名称虽然有后人考证注释，但还是不能弄清楚它们的确切含义，有待于和出土丝织物进行对照研究。

这个时期丝绸的出土地点大部分是在“丝绸之路”上。敦煌文物研究所于1965年，在125号、126号窟前面的崖壁裂缝中，发现了北魏的刺绣残片，是《一佛二菩萨说法图》。新疆于田（今和田）屋于来克古城遗址出土了北朝的红色绞缬绢。吐鲁番盆地阿斯塔那古墓群，尽管1915年斯坦因已发掘过，但1959年开始，新疆博物馆又多次发掘，收获很大，出土了很多丝织品。出土的丝织品中以锦的品种最为丰富。例如303号墓出土的双兽对鸟纹锦,是黄地蓝色花纹；各组纹样以联珠纹围成椭圆形，中间有一对马、一对牛、成对的鸟，椭圆形外围是一行飞鸟；每组花纹之间有人相对起舞。可惜这幅锦残存面积只有 12 厘米 ×13 厘米。同墓还出土两块树纹锦，是绿、赭红、黄、白四色丝织成，赭红色的树排成一行行。306 号墓出土了鸟兽树木纹锦，是黄、绿、赭诸色纹样。纹样由上而下分为五组，即树木、人面双翼兽（上面有两只飞鸟）、长颈鸟、双鹿双树、双鸟，花样很复杂。1960 年发掘出土的更多，有瑞兽纹锦、树纹锦、狮子纹锦、菱花锦、忍冬菱纹锦、兽纹锦、几何纹锦等。

1960 年还出土了富有东方色彩的绞缬和夹缬。所谓绞缬，是将白色丝绸按图案排列的要求用线结扎成疙瘩，然后染色，因为疙瘩处染料溶液渗不进去，染完之后就形成白色花纹。当然，那些大大小小的疙瘩结扎方法，就很有讲究了。绞缬丝绸有天然的晕纹，朴实雅致。阿斯塔那基地出土的大红染缬、栗色染缬，大概是出土最早的绞缬产品。夹缬是用两块镂空的木板，将丝绸夹在当中，然后染色，利用木板夹紧处染料溶液渗透不良的现象，染出了木板上镂刻的花纹。303 号墓中的大红地白色点子的缣，就属于夹缬产品。1966 年到 1969 年的发掘工作中，出土了西凉的纹缬和蜡缬。蜡缬是用蜂蜡在丝绸上手绘纹样，然后染色，点蜡处染液渗不进去，也形成了白色的花纹。由于蜡的龟裂现象，白色花纹上还有粗细不等的冰纹，淳朴而庄重。这种产品目前贵州少数民族地区仍很流行，东南亚和非洲的朋友也很喜爱。

1964 年，在阿斯塔那 39 号墓出土的一双丝质花鞋，是非常引人注目的。它是用红褐、白、黑、蓝、黄、土黄、金黄、绿八种色丝织成的，每只鞋只有 22.5 厘米长，宽 8 厘米，高 4.5 厘米，在小小的鞋头上织出了“富且昌，宜侯王，天延命长”，是用“织成”技术织出来的。一般织物的纬纱，总是从一面布边直到另一面布边，然后折回到原来的布边，这就是“通经通纬”的织法。“织成”却在通经通纬之外，又用了“通经回纬”的技法，即用各种颜色的纬丝，按图案的要求，在布面中间、花纹

阿斯塔那古墓群遗址

阿斯塔那古墓出土的丝织品

的边缘处折回，从而构成细致的花纹图案。刺绣一向是帝王服饰中最高贵的装饰技术，南北朝末年（北齐开始）竟把皇帝的衮服一律改成“织成”，刺绣却降为侍臣的服饰。可见此时“织成”的技术，在效果上已超过刺绣，这大概是当时奢华的风尚所造成的。“织成”做鞋是当时常见的，曹操曾送杨彪的妻室“织成靴”。新疆吐鲁番另外还有一双织成鞋出土，是红黄蓝三色丝麻交织的，无字，与“富且昌，宜侯王，天延命长”织成鞋比较，简朴得多，这可能反映了晋代服饰上严格的等级制度。

这些出土文物告诉我们，三国、两晋、南北朝虽然政局动荡，但勤劳的人民仍然孜孜不倦地进行创造，在丝织技术上开辟了新的天地，技术进步是明显的。

六、精美的唐代丝绸

1. 中国丝绸的又一座高峰

581年，杨坚建立隋朝，但隋朝只存在了30多年，历史就跨进到唐朝。中国丝绸在唐朝近300年的历史中，又比汉代有长足发展，一时真是声威远震。可以毫不夸张地说，唐代丝绸是中国丝绸的又一座高峰。

唐朝的诗歌是中国古典诗歌难以企及的高峰，而唐代许多著名的大诗人，如李白、杜甫、白居易、李贺、李商隐、杜牧、元稹、王建、郑谷、陆龟蒙、温庭筠等都曾为中国丝绸留下过著名的诗篇或诗句。让我们先从白居易的笔下来欣赏一下唐代的丝绸吧！

缭绫缭绫何所似？不似罗绡与纨绮。
应似天台山上明月前，四十五尺瀑布泉。
中有文章又奇绝，地铺白烟花簇雪。
织者何人衣者谁？越溪寒女汉宫姬。
……

这是白居易《缭绫》诗中的一些诗句。白居易在这首诗中一方面以他人民诗人的眼光，写出了“越溪寒女”织纫的辛苦；另一方面又以他大诗人的艺术眼光，写出了唐代丝绸的一个品种——缭绫的精美与奇绝：那用青白二丝织成的缭绫，洁白得简直像明月照耀下的瀑布，花纹又像一簇簇瑞雪。

唐朝政府十分鼓励蚕桑丝织，曾经推行过两项重要制度——“均田制”和“租庸调制”。这两项制度都与蚕桑丝织有关。在“均田制”中规定，每个男子给田百亩，但必须有20亩用来植桑。“租庸调制”中规定，“调”是向群众征收丝织品，“庸”是农民可以交纳绢帛以代替服劳役。在这样的制度下，唐代的蚕桑丝织业有了强大的发展动力。

为了更好地管理丝绸生产，唐朝中央政府还专门设立了织染署。这个机构分工十分精细，下面分设25个“作”：织绸作坊10个（如绢、纱、绫、罗、锦、绮等）；丝带作坊5个（即组、绶、绦、绳、缨）；细线作坊4个（即紬、线、弦、网）；练染作坊6个（即青、绛、黄、白、皂、紫）。织染署里有数百名工匠专为宫廷织造高级丝绸。据说唐玄宗的爱妾杨玉环被封为贵妃后，专门有700多名丝织名手，即织锦儿，也称“巧儿”，在贵妃院供职，为贵妃织绣服饰。除了宫廷内苑织坊外，各级政府织锦机构也都控制着一大批织锦巧手为官府织绷绣锦，其数难以统计。唐朝的民间丝织业也相当兴盛。官府不仅从民间选“巧”入官，而且还在民间指定“贡缭户”专为官府织绸。唐代著名诗人元稹在《织妇词》的注中写道：“予掾（意思是属员）荆时，目击贡绫户，有终老不嫁之女。”由此可见，唐朝政府上上下下建立了一支多么庞大的丝织队伍啊！

在这样的制度和组织机构下，唐朝每年能生产多少数量的丝绸呢？让我们用几个小故事来估量下。

第一个故事：唐高祖时，有一个名叫郑凤炽（又作邹凤炽）的富商，他对唐高祖夸口说，就是在终南山上每棵树都挂上一匹绢绸，树挂满了，他家里也还能有多余的丝绸。

第二个故事：唐高宗时，有一个安州人名叫彭志筠，他一次就向政府自愿捐献丝绸3万缎以作军费之用，由此他换得了一个奉议郎的六品官做。

第三个故事：唐玄宗时，有一个口蜜腹剑的宰相叫李林甫，他一身兼任40多个职务，收取各方来的贿赂，在他家的仓库里竟然存放了3000多万匹绢帛。

从以上三个小故事里，我们可以看出，唐朝每年丝绸的生产数量该有多大！用当时的文字来形容，那就是官家的仓库里“缯帛如山积，丝絮似云屯”。

正是因为丝绸生产基础十分雄厚，再加上其他原因，一条由东南沿海向外输出丝绸的“海上丝绸之路”，在唐代逐渐盛过陆上“丝绸之路”。

唐代的丝绸质量从唐初起始就很高。我们从当时全国十个道每年向朝廷交纳的贡赋丝绸品种就可以看出来。如河南道交纳的方纹绫、鸡鶒绫、双丝绫、镜花绫、仙文绫，河北道交纳的孔雀罗、春罗、两窠紬绫，山南道交纳的交棱縠子、重莲绫，江南道交纳的方綦、水波绫、吴绫，剑南道交纳的单丝罗、高杼衫缎、双紃、樗蒲绫，等等，这些全都是当时各地花式新颖、花色绮丽的高级丝织品。

唐代联珠对马纹锦

2. 高超的丝织技艺

唐代丝绸与汉代丝绸花纹质量相比，又有新的发展。这主要是由于唐代丝绸把南亚、中东一些民族的风格和我国中原原有的特色融为一体而形成的。比如，在唐代极为流行的“益州新样锦”就是典型的一例。唐代丝绸的印染也十分精致。正因为这样，唐代的妇女衣着打扮十分讲究，既繁华富丽，又流动飘逸，并带有一定的域外色彩。大诗人杜甫在《丽人行》中这样写道：

……

绣罗衣裳照暮春，蹙金孔雀银麒麟。

……

就中云幕椒房亲，赐名大国虢与秦。

把受到唐明皇恩宠的杨贵妃姐妹身着艳丽的绸衣在曲江岸边的风姿，用文字活脱脱地描写了出来。

不仅如此，正由于唐代丝绸精美流行而出现了著名的罗绮画派——专画丝绸人物画（多半是画妇女）。可以与杜甫诗歌《丽人行》相比美的是著名画家张萱的《虢国夫人游春图》。画中，虢国夫人与秦国夫人头梳侧垂高髻和面施淡赭渲染，以及身披绮罗纤缕的神韵都惟妙惟肖地跃然纸上。唐代善画丝绸人物的画家还有周昉。他的《簪花仕女图》用细劲有神、流动多姿、舆雅含蓄、着色浓丽的笔调画出了高级丝织物的纹饰与质感。那斜领大袖、曳地飘动的大幅长裙，以及衣着上华丽的团花图案等，正是唐代大历至贞元年间（766 年—805 年）妇女们的时装。从画中看来，那唐代丰腴的美人，真是“罗薄透凝脂”！而我国唐代美丽的丝绸服装一直为当时与我国一衣带水的友好邻邦——日本所钦羡。这种被称为“唐服”的丝绸着装一时盛行在日本列岛，经改进后变成日本的民族服装——和服。

据说在唐中宗时，皇帝有一个爱女叫安乐公主。为了满足她的豪华生活，宫廷织署专门从四川为她用百鸟羽毛夹彩丝织了两条裙子：正面看是一种颜色，反过来看又是一种颜色；白天看是一种颜色，灯影下看又是一种颜色；而百鸟的形状又都清楚地显现在这两条裙子上。另外，织署又为安乐公主用百兽的毛夹彩丝织出鞋面并清楚地呈现出百兽的不同形状。这就是唐代丝织史上著名的百鸟毛裙和百兽鞋。我们可以透过皇室生活的奢侈看出当时宫廷中织工技艺的超群。这几件御用丝织精品当时曾轰动了朝野，许多达官贵妇都竞相仿制。

唐朝各地区的丝织水平随着时间的变化而不断变化。唐朝前期，北方的丝织技艺高于南方，但南方的丝织业也有一定的历史基础，朝廷每年都向南方征调相当数量的绢帛。这里有一个《水上丝绸盛会》的故事可以说明唐朝前期南方丝织的水平。据说唐玄宗时，有一个臣僚叫韦坚。他奏请皇帝批准将江淮各州的租米存粟变价购买轻货输送京师。因此，他凿引河水，开拓了一个广运潭，直通宫苑的望春楼下。天宝二年（743 年），唐玄宗登楼看新潭，只见江淮数百条漕船依次驶来望春楼下。有一个

《虢国夫人游春图》(局部)

唐代对兽纹波斯文字织锦残片

官员坐在第一号船上作号头，口唱“得宝歌”。船上有盛妆美女百人与之和歌，鼓笛与外国音乐一齐奏响。这真是一次规模盛大的水上丝绸盛会，把从未见过船桅的京城百姓看得目瞪口呆。而在这些船上都载着江淮各郡的丝绸等优质特产，如广陵郡船载有锦以及镜、铜器、海味，丹阳郡船载京口绫衫锻，晋陵郡船载折造官端绫绣，会稽郡船载罗、吴绫、绛纱，吴郡船载方丈绫，等等。

到了唐朝中期以后，我国南方丝织水平得到迅速提高。南方丝织水平提高靠什么？靠北方丝织技艺的传播。同样，也有一个《节度使做红媒》的故事，记载了我国北方丝织技艺促进南方丝织发展的情况。据说，唐代宗大历二年（767 年），有一个江东节度使名叫薛兼训的人，在他到达越州的军队上任时，看到那里农村养蚕不普遍，丝织技术也比较落后，他很焦急。为了改变丝织落后的局面，他想出了一条妙计——在他的军队里挑选了一批来自北方的未婚青年，发给他们优厚的财物，密令他们回家乡专门选择善于缫织的姑娘结婚，然后把她们带到南方来传播技艺。这个办法十分奏效，一两年内就陆续从北方娶回了数百名丝织能手。从此，越州一带的织造技术得到迅速提高，所产绫纱织物成为江东地区的著名产品。

当然，我国南方丝织技术的提高不可能只靠一个薛兼训做“红媒”就全解决问题，这只是一个著名的事例。据说越州在薛兼训以后的三四十年间，经济水平提高，丝织水平也大大提高。这时向朝廷进贡的丝织品不再是罗、吴绫和绛纱了，而是有异纹吴绫、花鼓歇纱、吴朱纱等纤丽之物，凡数十品。

到了唐顺宗时期，南海有一个 14 岁的“巧儿”名叫卢眉娘的，她能在一尺绢上绣《法华经》七卷；而同昌公主有床丝绣锦被，上面一共绣了 3000 只鸳鸯，其中还夹以奇花异卉，缀上灵粟之珠，五光辉映，真是精美极了！

诗人白居易赞美的缭绫，也是唐朝中期以后在越州出产的。而此同时，宣州出产的高级丝织品——红线毯也是精工产品。织这种宽十几丈的彩丝大地毯，据说需用丝一万多两。那么，这种红线毯又是如何的精美呢？让我们还是读一读白居易的诗句吧！

> 红线毯，择茧缫丝清水煮，拣丝练线红蓝染。
> 染为红线红于蓝，织作披香殿上毯。
> ……

确实，唐代丝绸在我国丝绸史上放射出奇异的光辉！如果你现在想看到唐代精美的丝绸实物，那么，在新疆吐鲁番阿斯塔那出土的文物中，在敦煌千佛洞保存的唐代薄绢上，以及在日本正仓院收藏的我国唐代织锦花样中，都可以领略到它的异彩。

七、宋代丝绸中心南移

1. 发达的宋代丝织业

唐朝末年，我国历史又经历了一个短期的战乱年代——五代十国时期。由于我国自远古迄来，其政治、经济中心一直是在北方，因此，战争也大都发生在北方。这样，我国以北方为中心的蚕桑丝织业又遭到了一次大的破坏。

但是，战争也不可能断绝中国的蚕桑丝织传统。试想，丝绸在中华民族的历史长河中，自出现到宋朝，已有几千年的光辉历程，它已经深深地扎根于我们民族的土壤之中。在古代，丝绸是国家经济中的一根重要支柱，又是平民百姓千百年来驾轻就熟的生产技艺和生活中不可或缺的产品，更何况当时的社会统治者懂得丝绸既在国家财政收入中有重要作用，又是自己奢华生活必不可少的物品。因此，中国丝绸的生产在历史上就像江河东流一样，总是奔流不息，永远向前！

正像历代丝绸都有自己的特点一样，宋代丝绸在我国历史上也有它自己的特点。

北宋时期，朝廷每年需用的丝绸数量甚至比唐朝还多，这是有其原因的。

一个原因是“澶渊之盟”的需要。何为“澶渊之盟”？这指的是北宋政府和北部辽国所订立的盟约。11 世纪初，辽军大举进攻北宋，一举逼到黄河北岸的澶州城下。结果，宋军在城下展开保卫战，打败了辽军。但是，懦弱的北宋统治者，反而与辽国订立了盟约，答应每年向辽国赠送“岁币”银 10 万两，绢 20 万匹。这样，又引起了西夏贵族的馋涎。于是，西夏又向北宋发起战争。结果，北宋政府又答应给西夏每年“岁币”7 万多两，绢 15 万匹。

可是，前事未平，后波又起。辽国欺侮宋朝软弱，再次大军压境，迫使北宋政府割地嫁女，再加“岁币”银10万两，绢30万匹。这就是北宋需要大量丝绸的一个原因。

另一个原因是北宋政府设立“茶马司”的需要。何谓“茶马司”？茶马司是专管茶马贸易的政府机构。北宋政府懦弱无能，屡次屈服于辽、夏的进攻，但又不能不时时设防备战。这样，宋朝政府就养着百万军队和大量的战马。可是，大量的战马打哪里来呢？这就要用醇香的茶叶和美丽的丝绸去与西北和西南的少数民族换取。为了维持这种茶马贸易，政府建立了这种贸易机构。因此，必须要有大量的茶叶和丝绸，以备贸易之需。

再一个原因是“赐赠”的需要。北宋建朝后保留了前代无数的官位。只要身入宦途，朝廷还要另赐绫绢罗锦。

由于以上种种原因，宋朝蚕桑丝绸生产量还是相当大的。而到了南宋绍兴年间（1131年—1162年），仅东南诸路上供的丝绸就增加到308万匹。

宋朝除了租税制度以外，还推行过“和买绢”制。什么叫“和买绢”？“和买”就是“预买”。官府在春季青黄不接时，预付给农民一定的钱，到蚕期后，农民还给官府的是自己织就的绢帛。不过，农民如若春季预拿了1000文，到时得还价值1200文的绢帛。这种制度起初受到农民的欢迎，所以，它刺激了蚕桑丝织的生产。可是，到了后来，官府政策大变，给钱少而纳绢多。于是，“和买”变成了“附加税”，弄得百姓怨声载道。

宋朝的丝织业，无论是官营还是民营都很发达。以官营来说，北宋初年就在京城汴京（今河南开封）建立了庞大的绫锦院。绫锦院有织机400多张，专门织造供皇室用的丝织品。同时，在成都又由府官吕大防成立了另一个锦院。成都锦院拥有127间房子、154台织机、工人583名。除此之外，官府还在四川的梓州、河南的洛阳、河北的真定，都建立了织造各种锦绮的官办工场。其中，梓州的绫绮场规模最大，有织工1000多人。

2. 丝绸中心向南转移

宋朝的社会和丝织生产出现了几个前代没有的特点。首先，由于商品经济比前代发达，因此大城市店铺林立，农村也形成许多繁茂的小市镇。从北宋画家张择端的《清明上河图》里，可以看到当时东京汴河沿岸的热闹景象。同样，包括丝绸在内的商业活动也十分频繁。北宋文学家欧阳修曾经用诗句描述过城市丝绸纺织业兴盛的景象——“孤城秋枕水，千室夜鸣机”。

其次，民间的蚕丝生产和织绸生产开始分工。农家一般养蚕缫丝，而不自己织绸，只是把生产的蚕丝拿去出卖，让专门的“织帛之家”（即“机户”）去织绸。据当时游历中国的意大利人马可·波罗在他的游记中记载：“还有很多主人不操作，而只是指挥工人做工的大小不等的丝织坊、染肆等。”

上述特点，随着时间的推移，在中华民族历史上逐渐扩大而鲜明。但是，宋朝丝绸生产的最大特点是完成了我国丝绸中心从北向南转移的过程。

黄河流域是中华民族的摇篮。历代的中央政权大都建都在北方。我国蚕桑丝织中心一直是在黄河中下游一带，这里曾经对中国丝绸生产做出过光辉卓越的贡献，一直到唐代这种局面也没有改变过。虽然南方的蚕桑丝织业自古有之，并且也在随着历史的发展而在不断地发展。但是，南方始终没有能占据中国丝绸生产中心的地位。自宋以后，这种情况发生了根本的变化，我国丝绸生产中心随着我国经济中心的南移，也正式转移到了南方。

这里，我们先说一说杭州。尽管在北宋时东京汴梁如《清明上河图》所描绘的那般繁荣。可是，当时的开封人还是羡慕南方城市杭州的秀丽景色和

《清明上河图》（局部）

繁华市容。他们说："余杭百事繁庶，地上天宫。"杭州在宋朝时已经是闻名遐迩的东南第一大都会。若问杭州城是何时建立并兴盛起来的，这就要追叙到五代十国时期的两浙吴越王钱镠。此人在北方战事频仍时，他却独处东南，经营这块属于他的领地。这就客观上对于杭州城的建立和兴盛，对于吴越境内，尤其是太湖流域的蚕桑丝织生产起到了好的作用的。因此，早在北宋以前，北方的蚕桑丝织遭到严重摧残时，南方部分地区的蚕桑丝织却得到了广泛的发展。到了北宋中叶，这些地区已成为全国丝织业最发达的地区之一。

1127 年，金人攻陷了汴京，把宋朝的两个皇帝钦、徽二宗掳走。赵构在应天府（今商丘）继承皇位，后把京城迁移到富庶的东南大都会——临安（今杭州），史称南宋。这时，北方的大批贵族、官商巨室，以及大批农民、手工业者都纷纷南迁，以至于造成了这样的局面——当时的杭州，自北方迁来的居民"数倍"于当地人。市场上丝织品的销路剧增，大大刺激了浙江丝织品的生产。此外，北方来的劳动人民，也把先进的蚕桑丝织技艺带到了南方，并传播开来。这是一次空前的南北技艺大交流，远非唐代薛兼训用"做红媒"的办法偷偷输入一些北方丝织人才所能比拟。浙江的丝绸业在南宋建都杭州后的 150 余年里，不论在生产数量上，还是在产品质量上，都比北宋有了更显著的发展和提高。当时浙江所产的丝织品，不但种类多，而且花样也很精致。临安已有绫、罗、锦、缎、绢、纱等二三十种丝织品；四川著名的百花孔雀锦等，湖州也在仿造；绍兴除原有的越罗外，尼姑庵所织的"尼罗"和"寺绫"，婺州生产的各种罗，其精致美观也名闻各地。

说到这里，还要特别提一下宋代的织罗水平已达到历史的最高水平。当时的润州和常州织罗署出产的云纹罗更是驰名天下。高贵的罗品种有孔雀罗、瓜子罗、菊花罗、春满园罗等。1975 年，在江苏金坛县南宋太学生周瑀墓中出土了 50 多件衣物，其中大部分是提花罗织物。在福州南宋一个市舶司的女儿黄升墓中，出土了二百多件不同品种的素罗、

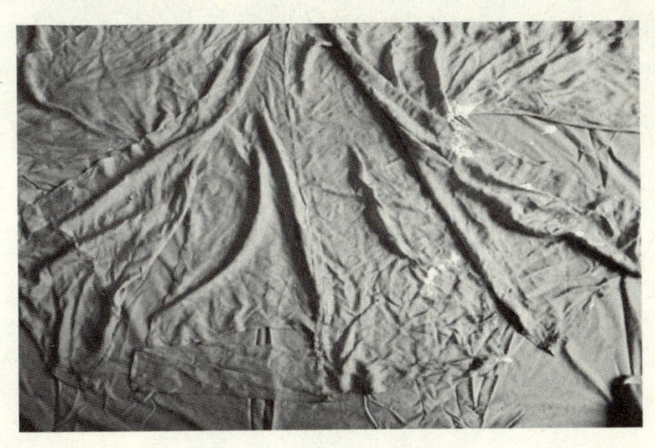
修补过的宋代丝绸服饰

花罗和落花流水提花罗等。

宋代在丝织上又出现了缎这一品种。其纹样与唐以前以图案为主不同，宋缎极力追求写实。织锦也比唐代有发展。宋锦、缂丝与刺绣号称宋代三大名产。海上对外贸易在更大规模上展开。

总之，宋代丝绸中心南移奠定了我国长江下游丝绸业的中心地位，开拓了明清以至现代南方丝绸繁盛的历史新局面。

八、元明清时期的丝绸生产

1. 元代丝绸的重要特色

建立元朝的过程中，蒙古族铁骑俘获了有各种技艺的工匠——特别是南方的染织工匠，把他们带到北方腹地，设置名目繁多的工匠局，生产高级丝绸供官家享用。因此，元代的丝织印染工艺，不仅继承了历代的传统，在风格上还迎合了蒙古族人的情趣。

游牧民族喜爱金银装饰，元代的丝绸印金工艺得到了空前的发展，制作技巧和品种有很显著的提高。印金技术，包括销金、描金、点金等手法。印金不限于把金粉和树胶调成金泥，有的是先用凸版把粘合剂印在织物上，形成花纹，再撒上金粉，待干燥后，抖落多余的金粉使之成为印金织物。这种办法，金粉表面没有沾上树胶等粘合剂，显得特别光亮。另一种是拍金技术，也是先印粘合剂花纹，然后细心地在织物上贴上金箔，再盖上一层薄纸，用毛笔或棉花在纸上轻轻拍打揩擦，使金箔紧紧地贴在纤维上，然后拿去薄纸，将花纹边缘修齐。这种工艺类似于给佛像贴金，较为耗费人力，金光灿灿的效果也最好。最近有人用显微镜观察拍金花纹的表面，发现古代所用的金箔非常薄，以至于能使每一根丝纤维透过金箔而在表面显露出它的轮廓。这不仅显示了匠人的优秀技巧，而且证明了古代所用的粘合剂性能相当好。

1976 年，在元代集宁路古城遗址出土了一批元代窖藏丝织物，数量多，保存比较完整，对研究元代丝绸具有重要意义。集宁路古城位于内蒙古自治区集宁市东南，出土地点是在集宁路遗址的官署地区，出土的一件提花绫上还有反体墨书“集宁路达鲁花赤总管府”字样。所谓达鲁花赤，就是元代所在地方军队和官衙的最大监治长官，所以这批丝织物应该是官府窖藏的。按照织物精美细致的程度来看，大约是官府工匠局的产品。

花鸟绣花夹衫

这批窖藏丝织物，完整的有八件，其余多已残损，有的已经褪色，但光泽弹性都比较好。丝织物藏在一个半人高的大瓮中，瓮口覆盖了一个大铁铛，显然是有意埋藏的。丝织物中比较精彩的有提织织锦双羊图案被面，是两个半幅拼成的，拼接后图案位置不差丝毫，手艺很高。还有一件花鸟绣花夹衫，面子是棕色的，衬里是米黄色绢，也是两幅拼成的；刺绣手法类似现在苏绣针法，造型设计也是江南风味，如湖滨仕女、荷叶粉莲、鹭鸶鸳鸯、幽兰竹叶等，都是北方少见的景象，这幅绣花珍品大约出自江南名匠之手。这批窖藏丝织物最值得重视的是印金织物，有完整的印金四经罗夹衫一件，印金提花绫长袍一件，印金提花绫被面一个，以及印金的素罗残片、残带、绢残带等，在窖藏丝织物中占的比例很大。这些印金织物的底组织是提花绫和纱罗，都是先在织物上印就金花，经过修整，添绘色彩，最后裁剪缝纫的，而且花纹各不相同，看来当时印金织物已经是多品种，成批地生产了。这种整匹有块状金花的织物，就是史籍上记载的金答子。《通制条格》仪制所定服色是“职官除龙凤纹外，一品、二品服浑金花，三品服金答子，四品、五品服云袖带襕……”集宁路为下路，达鲁花赤及总管的品秩应是三品，其命妇用的这件有金花的提花绫长袍应该是金答子，从实物看是符合当时服饰制度的。

元代朵花印金绢

所谓浑金花，或称浑金，是用织

金工艺织成的金缎匹所裁制的衣服，即先裁捻金线，用金线和丝线组合编成金缎匹。金缎匹有金锦、金绮两种。金锦又称为金织文锦、金织文缎、金缎、纳石失缎。元朝政府常以这类织物赏赐功臣及宗室，所以史籍记载颇多。由于金缎匹缝成的衣服浑身都有金花，所以名为浑金。史籍上所谓金质孙、金锦纹衣、金织纹袍、织金服、金绮衣等都属于这一类。

集宁路古城遗址出土的丝织物，反映了元代丝绸的一些重要特色，织造技艺、衣物式样都与宋代相近，可以说是一脉相承。

2. 明代丝绸业的两大特点

1368 年，朱元璋建立了明王朝。从此，我国封建社会进入了它的晚期，丝绸生产呈现出与以往不同的历史特色。

正像唐代诗人们用诗句描绘绚丽的唐代丝绸一样，明代的小说突兀而起，也同样反映了当时丝绸生产的特点。明代著名的文学家冯梦龙在他的小说集《醒世恒言》中，写了一篇《施润泽滩阙遇友》的故事。

这个故事反映出明代中国丝绸业的两大特点：一是丝绸中心在南方，二是丝绸生产日益商品化。

明代丝绸中心是在南方。小说中描写的盛泽镇是江南太湖边上的一个小镇子，自明朝中叶以后，发展很快。小说中还描写道："镇上居民稠广……俱以蚕桑为业，男女勤谨，络纬机杼之声，通宵彻夜。"

明朝初年，政权稳定，蚕桑丝织恢复发展较快。明太祖朱元璋重视蚕桑，亲手拟写劝农榜文："今天下太平，百姓除粮差外，别无差遣，各宜用心生理，以足衣食，如法栽种桑、麻、枣、柿、棉花，每岁养蚕，所得丝棉，可供衣服……"于是，南方蚕桑发展非常快。洪武十八年（1385 年）进士夏止善在他的诗文中反映了杭嘉湖地区的情况："桑麻两岸三州接，财赋江南亦壮哉。"明中叶杭嘉湖农桑情景是"陌头翠压五桑肥，男勤耕稼女勤织"。可是，北方蚕桑丝织却是日渐衰微，尤其是在明朝中叶以后。

从明朝初年全国 22 个织染局的分布也可以看出当时的丝织中心，除四川、山西、山东、河南四处外，其余大部分在江南，其中又以苏州、杭州、松江、

小说《施润泽滩阙遇友》中描述的施复夫妇经营丝织业的机房

嘉兴、湖州五个局为重点。皇室过去安排在四川生产的高级锦缎，此时也转移到这五个局来。单以浙江嘉兴地区来说，明朝中叶以后就出现了许多繁华的丝绸小集市，如濮院、王江泾、王店、新塍、双林、南浔、菱湖、乌镇等。这些小集镇逐渐变成千家、数千家，甚至上万家的丝绸业的专业市镇了。而湖州一地已成为全国产丝的中心地。冯梦龙小说写的盛泽镇情况："那市上两岸绸丝牙行，约有千百余家，远近村场织成绸匹，俱到此上市。四方商贾来收买的，蜂攒蚁集，挨挤不开。"

明朝初年曾做过杭州府学的徐一夔写了《始丰稿》这本书，其中有一篇叫《织工对》的文章记载了当时丝绸业中的雇佣关系。何谓"织工对"？就是与织工对话。徐一夔在偶然情况下，访问了杭州相安里住所附近的一所丝织工场。这个工场是一个有钱人开的，有纵机四五张。他带领着十余名织工在一间将倒的老屋里每天辛苦地织绸到深夜。这些工人面部皆"苍然无神色"。当徐一夔问话时，一个姓姚的工人答道："我的行业虽然低贱，但每天的佣钱为200缗。它是我生活的来源。而我每天以这些收入养活我的父母妻子。"后来，这个姓姚的织工因手艺高超而被另一家工场雇去，给他的佣金比原来的场主要多一倍。他当然愿意。而新场主则认为"得一工胜十工，倍其值不吝也"。

明朝，丝绸业和蚕桑丝织生产的商品化日益发展，这是因为社会有了这种需要。第一，明代赋税制度规定必须要征收一定数量的丝绸实物。这样，生产不多或不生产丝绸的地区就向盛产丝绸的地区购买。浙江省临安县就有专门为这种官收的丝绸生产。第二，明朝政府与北方关外的马市贸易需要大量丝绸，这也需要向蚕丝发达的江南地区购得。第三，明代的东南海外贸易日益发展，需要的丝绸与日俱增。单以郑和七下西洋的历史事实来说，那亘古未有的我国海上庞大的船队，满载着金银、丝绸、瓷器等货物去国外交换珍宝，也可窥见其需要之盛。

明代丝绸开始主要向南洋、日本、朝鲜等地输出，后来逐渐转变为主要向欧洲、葡萄牙、西班牙、荷兰等国出口。

明代时，我国的蚕桑丝织，一方面在社会需要下高度发展，达到历史上前所未有的社会化分工。尤其是在南方江浙一带，出现了空前的繁荣。明朝初年，我国仍然是世界上头等的富强国家。但是，另一方面，在明朝中后期，落后的封建制度又重重地约束着生产力的发展。官府重税和专卖政策阻碍着手工业和商业的自由发展。岁办、额办、买办、杂办等名目繁多的征收项目，压得丝织机户喘不过气来，还有各种织染局，以低价硬派机户织造，仅浙江就在杭州、绍兴、金华、衢州、严州、台州、温州、宁波、嘉兴、湖州等多处设有这种机构。

这样，不仅埋伏着日后我国丝绸业落后的种子，而且就在当时又促使我国丝绸业出现了一个新的特点，即生丝的生产和出口几乎超过了绢绸的生产和出口。外国需要中国雄厚的蚕丝业作为其织造的后盾，而中国的蚕丝生产则在国外大量需求下急速增长着。因为生丝贸易比绢绸贸易的利润高至数倍，浙江、福建有些走海贩货的商人，为牟取厚利，顶着朝廷禁令，铤而走险。当时有所谓“通倭案”，实际上就是丝绸走私。这些人结伙通商，造船下海，招徕商赈，满载登舟，其中就有贩卖纱、罗、绸、绢的商人，所得倭银，在船上熔化，获利颇厚。明末的郑芝龙父子，就是从事海外贸易的大商贾。他们采购杭州等地的丝绸到日本、琉球、吕宋及印度支那沿海去卖，海船成百，规模很大。

3. 清代丝绸生产概况

明末政局动荡，农民起义的浪潮席卷全国，战事绵延几十年。清军入关以后，为了满足贵族对土地的贪欲，也为了笼络八旗将士，颁布圈地法令，丈量土地，分给贵族和军士。旗兵纵马放牧，残害桑田，致使生产力受到严重破坏。直到康熙年间，情况才得到扭转。

为了发展蚕桑业，康熙还命焦秉贞画了 23 幅耕织图，这就是《御制耕织图》。织的部分有浴蚕、二眠、三眠、大起、捉绩、分箔、采桑、上蔟、炙箔、下簇、择茧、窖茧、练丝、蚕蛾、祀谢、纬、织、络丝、经、染色、攀花、剪帛、成衣等，包括从养蚕到做成衣服的全过程。他还亲自写了《桑赋》，写诗作序，然后颁发全国推广。他在《桑赋 · 序》中写道："朕巡省浙西，桑林被野，天下丝缕之供，皆在东南，而蚕桑之盛，唯此一区。"康熙四十六年（1707 年），他责成地方官，实现每 5 亩田种桑 2 株，100 亩田种桑 40 株。

清代前期的蚕丝生产，基本上属于家庭副业的范畴，农民出售的商品是生丝。由于祖辈世代养蚕，积累了丰富的经验，特别是江浙地区，勤于培桑，精于养蚕，长于缫丝，丝的质量非常好，收益甚好，超过了种粮。遇到丝价高涨时，生丝生产加速膨胀，甚至发生了良田种桑，畸形发展的情况。在康熙年间，浙江省用良田来植桑的现象出现了，如崇德县在明朝万历九年（1581 年）丈量土地时，桑地占耕地总面积的 13% 左右，而到清康熙年间（1662 年—1722 年）却增至 42% 左右。为什么农民喜种桑树？因为经营蚕桑比种植粮食来钱。当时一亩桑地可获丝十斤，可换十两银子，而用一亩地种粮则只能得三石粮，换三两银，植桑的收入三倍于种粮。

《御制耕织图》（局部）

这样，农家的悲欢就和丝价的涨落密切地联系在一起。浙江的某些县，田收仅能维持农户 8 个月的口粮，其余日子就得靠卖丝易米养家活口。某年杭州一带水灾，桑树枯萎，妇女就在桑下哭泣。虽然养蚕的风险大，但农民仍希望多种桑、多养蚕来增加收入，于是尽量利用空地、间隙地种桑，想尽办法寻找桑叶的代用品，如用柘叶、栋叶、米粉、枯桑叶喂蚕，蚕丝生产商品化确实起了刺激的作用。

商品化生产也带来其他一系列问题。一些大商贾乘机控制丝价，剥削农民。他们乘秋季谷贱买粮囤积，第二年春夏之交，粮价上升，便开仓以粮易丝，获利数倍。至于桑叶生产，商业化危害更大。有时桑叶暴涨，使有些蚕农毁蚕卖叶以求暴利，而买叶的农民，也往往因“卖丝不够买叶钱”而亏本，对丝绸生产起了破坏作用。

清朝前期，政府在杭州、江宁、苏州设有织造局。中国最著名的长篇古典小说《红楼梦》的作者曹雪芹，其祖父就因任江宁织造而声名显赫。而杭州织造局，顺治年间有专供朝廷用的“部机”700 张，到乾隆十年（1745 年）时，又奏准设机 600 张、机匠等数千名，每天集散在三桥址、营门口、涌金门一带，茶坊酒肆十分热闹。“闹市口”由此得名。

浙江的私营丝织业作坊也非常兴盛。仅临平、杭州、宁波、绍兴、湖州及其四周等地，就有织机近两万部，老板雇工和织工待雇现象极为普遍。

就这样，大量的丝绸产品在我国东南地区生产出来，又不断地向国外输出。清初，流亡海外的明朝遗民常掀起抗清斗争，清政府为了防止它的蔓延，实施严格的海禁，禁止下海捕鱼经商。康熙初年，海禁更严，将浙江、福建、广东诸省沿海居民内迁，筑界墙，禁止洋船进入，只有澳门在界外，准许少数洋船停泊贸易。但当时仍有少数商人从事海上贸易，以中国丝绸换取洋货。由于外商对中国丝绸的需求，沿海边民对海禁的痛恨，清统治阶级对外洋珍物奇玩的爱好，以及考虑到关税是项巨大的收入，康熙二十二年（1683 年）开海禁，但对下海商船的大小做了限制。在云台山、宁波、漳州、澳门设立监督司。据载，外洋商船从此得以装载大量丝绸回国。例如，康熙三十七年（1698 年），佛里特号由厦门开出，装生丝达 20 吨，丝织品 65000 件。

从清初到鸦片战争时期，海禁多次恢复，特别是对丝货的输出，禁限更严。严禁民间丝货贸易的用意可能是官府能垄断其利，并防止生丝涨价，好丝输出，以免影响国内上等缎匹的生产，等等。在禁限中，特别禁止头蚕湖丝（细丝）的输出，至于土丝和二蚕、三蚕丝，经外商申请仍可限额输出。

清代丝织工场

所以，虽有海禁，而丝货贸易不断。乾隆年间，“每年贩卖湖丝并绸缎等货，自二十万余斤至三十二三万斤不等”。乾隆二十五年（1760 年）在浙江乍浦等地输往日本的绸缎约在六万斤以上；道光十七年（1837 年），对美国的输出额中，绸缎占总额的半数以上。我国丝绸等产品的出口，使当时国外的白银、墨西哥大洋等大量流入国内。墨西哥大洋在 18 世纪清朝中叶每年流入我国达 500 万至 600 万之巨。

九、近现代丝绸的衰微和振兴

1. 丝绸业的衰败

在20世纪30年代初期，我国现代文学巨匠茅盾，写过一篇著名的短篇小说《春蚕》，深刻地反映了我国近代蚕丝业的破败情况。小说主要写的是1932年的事情。它通过江南蚕农老通宝一家及全村人进行紧张的春蚕大搏战获得蚕花丰收，结果茧子又卖不出去反遭亏损欠债的命运，通过“那‘五步一岗’似的比露天毛坑还要多的茧厂……一齐都关了门不做生意”的现实，反映了当时世界经济萧条给我国蚕丝业的严重打击。同时，小说通过描写老通宝家和镇上做丝生意的老陈老爷家从19世纪后期到20世纪30年代由“发家”到破产的经历，反映了我国近代蚕丝业衰败的历史。小说还通过主人公老通宝的心理，深刻地揭示了其所以如此的社会原因——老通宝直感地恨洋鬼子，并相信陈老爷的话不错，“铜钿都被洋鬼子骗去了”。

茅盾与《春蚕》

真实的小说是现实生活的艺术反映。现在再让我们拉开近代历史的帷幕来看一看丝绸业的真实图景。

19 世纪 40 年代，由于帝国主义势力侵入中国，并从广州延伸到上海。在西方商人贪求购买的刺激下，这时我国蚕丝业是在发展的。我国生产的生丝，大部分都被西方商人买去了，为了购买我国的生丝等货物，英、美等国在我国上海大开洋行。就这样，我国生丝出口，在 1850 年为 1241 吨，到 1863 年上升到 2736 吨，增长 1.2 倍。西方商人买中国大量生丝等货物拿什么来抵账呢？说起来是既可耻，又痛心的！如果说，在清代中叶，我国用生丝向国外换回的是白银和墨西哥大洋的话，那么，19 世纪 40 年代以后换回的却是满船满船的毒害人民的鸦片。

从 19 世纪 70 年代到 19 世纪末，我国主蚕区浙江嘉兴的蚕丝业，曾因清军攻陷一度被太平天国军队占领的嘉兴而出现短暂的萧条，之后又兴旺起来。与此同时，我国生丝出口量也在增加。1876 年出口为 2331 吨，1880 年出口为 4932 吨，四年增长 1.1 倍。即使这样，欧美资本主义国家还嫌不够。他们在 19 世纪 90 年代挤进中国上海，办起了一批机器缫丝厂，意欲攫取更多的生丝。从 20 世纪初到 20 世纪 30 年代，中国蚕丝业日趋“繁荣”。1904 年以前还是“栽桑之家，甚为寥寥”的江苏省无锡县，在这之后由于沪宁铁路建成通车，蚕丝业有了大的发展，一年产茧即达 20 万担。号称是我国的第四大蚕区的四川省蚕丝业也迅速发展。此外，湖北、安徽等省蚕丝业都在发展。因此，到 1926 年以前，我国蚕茧产量达到历史最高水平，为 22 万吨。1930 年，我国生丝出口也达历史最高水平，为 9000 多吨，比 1880 年几乎又翻了一番。

但是，中国蚕丝业的这种“繁荣”，完全是一种畸形现象。因为这时欧美的织绸业发展起来，他们需要中国的生丝做原料。我们是“为他人做嫁衣裳”。彼兴我亦“兴”，彼固我则“惨”。如果把眼光不局限在中国的范围，而投向亚洲的话，那么，正是在这个时期，一种凄凉的处境已经降临到中国蚕丝业的头上。后起的日本，眼见在欧美“扶持”下的中国蚕丝业的“繁荣”局面，分外眼红。它视中国的蚕丝业为劲敌，决定要挤垮中国的蚕丝业。在这种方针指导之下，首先是日本蚕丝业的迅猛发展，在世界范围内与中国展开了竞争。日本蚕丝业的这一竞争，把持续了 2000 多年对外丝绸贸易的古老中国，从独占首位的宝座上拉了下来，使中国蚕丝业第一次尝到屈居于人下的痛苦滋味。

从 1929 年到 1932 年，受到世界经济危机的影响。从 1931 年到 1932 年，日本连续对我国发动“九一八”和“一·二八”事变。我国脆弱的蚕桑丝绸业经不起这样严重的打击，直到1936年，生产都恢复不起来。当时杭州市丝绸业现状是“不闻机杼声，但闻长叹息”，“绸织业盖已至崩溃时期”！我国一向供不应求的著名“湖丝”，此时“内销外销具形迟滞”。当时《申报》的文章说：“中国的蚕丝业，自从受了日本蚕丝业的压迫与最近几年国际经济恐慌的影响，价格的惨落，输出数字的减低，为自有蚕丝业历史以来未曾有过的悲剧。各地丝厂的倒闭停工且不必说，育蚕农民亏蚀，由亏蚀而至破产者十之八九，杀身或甚至全家自杀者，亦比比皆是……”

1937年，日寇对中国发动了全面的侵略战争。在蚕丝业方面先实行它的“毁灭”战略。在炮火声中，我国江、浙的缫丝厂大部分被毁，其惨状使日本的经济特工也为之震惊。另一方面，日寇采用20世纪30年代上半期国民政府在欧美帝国主义支持下采取的蚕丝业统制政策，对中国蚕丝业实行垄断、独占，以实现它的“包中国蚕丝业于日本蚕丝业的势力圈内”的战略。中国蚕丝业面临这种万劫不复的境况，苦苦挣扎。抗日战争胜利后，物价飞涨，货币贬值，美国各类丝织品廉价倾销，人民生产、生活极不安定，丝绸业朝不保夕。

2. 丝绸业的振兴

雄鸡一唱天下白！当五星红旗在天安门城楼徐徐升起，《义勇军进行曲》响彻神州大地时，中华民族百年来受屈辱的历史结束了。中国丝绸也像中华民族一样，要发展，要振兴，要重放历史的光彩，要用我们民族独特而耀眼的光辉来烛照世界丝绸的苑圃。

新中国成立以来，我国蚕桑丝织业有了大的恢复和发展，已经踏上了振兴之路。江南蚕丝业（包括江苏、浙江）仍然是我国首屈一指的蚕桑基地、丝织中心。无论是蚕桑，还是丝绸，都保持多年的全国第一，不仅量多，而且质好，工人和农民的经验丰富，技术熟练。四川的蚕丝业发展既快且猛。农民利用四边地（天边、沟边、路边、宅边）栽桑，发展养蚕，使四川省产茧量和产丝量擢升为全国首位。

珠江三角洲蚕桑业一片兴旺景象，尤其是顺德县，桑基鱼塘，鳞次栉比，水光桑影，绰约多姿，吸引着一批又一批海外来客考察、观赏。联合国粮农组织委托我国在广州建立起“亚太地区蚕桑培训中心”。其他如古老的兖州之地的山东、周代唱出“豳风”之歌的陕西、汉朝公主携带蚕桑嫁往古于阗国的新疆，以及湖南、湖北、安徽、辽宁等省，蚕桑丝织业都有相当的恢复和发展。上海已成为我国最先进的丝绸印染基地。无锡仍然是我国著名的丝城。特别值得我们引以为豪的是，从近代以来被日本夺去多年的茧、丝最高年产量的皇冠，已分别在 20 世纪 60 年代和 70 年代后期重新回归中国。

我国桑蚕丝织技术有了相当的提高，某些项目已经或正在追赶世界先进水平。多丝优质的桑蚕品种不断培育，在 30 多年中更新换代了几次。目前，在主蚕区推广的优良品种可与世界先进蚕种媲美；桑蚕的生理、病理研究取得了许多新的成果；农村用现代科学方法养蚕已开始推广。桑树品种和栽培技术的研究取得了突破性的成果。缫丝机器已实现了更新换代。先进煮茧机和自动缫丝机也有相当的发展。缫丝技术，尤其是具有光辉传统的江浙“立缫机”缫丝技术在国际上仍保持领先地位。近年来，我国也从国外引进了一些先进设备和技术进行消化吸收。虽然目前我国的丝织机械及丝织质量还赶不上世界先进水平的法国和意大利，但外国人已经在惊呼，中国人正开足马力追赶，要与法国和意大利一决雌雄。

丝绸外贸空前繁荣，丝绸内销兴旺发达，为国家经济建设积累着资金，并日益满足着人民的物质、精神需求。我国目前的丝绸行销世界各大洲的 150 多个国家和地区。可以毫不夸张地说，走遍世界各个角落都可以看到中国丝绸或用中国生丝织制、印染的绸缎，穿在各种肤色的人民身上，或陈列在商店的橱窗里。由中国加工制作的丝绸服装或丝织工艺品也为今天世界人民所钟爱，有的甚至珍藏。

我国人民生活水平不断提高，购买丝绸的能力日益提高。“旧时王谢堂前燕，飞入寻常百姓家”，昔日皇室贵族的锦裳，如今已成为亿万普通人民的衣着。看着眼前这样的景象怎能不让人心潮澎湃？我们应当鼓励生产更多的丝织品来丰富世界人民和中国人民的生活。

第二编　竞相绽放的丝绸奇葩

从遥远的古代发展到现在，中国丝绸不仅历史悠久，而且品种繁多，丝绸奇葩不胜枚举，而驰名中外的蜀锦、巧夺天工的缂丝、古色古香的宋锦、金碧辉煌的云锦、载誉天下的湖丝、光彩夺目的少数民族丝绸、畅销欧美的柞丝绸更是其中的佼佼者。它们在历史上大放异彩，曾令中外人士沉醉倾倒，也曾激发历代文人墨客挥毫赋诗。

一、驰名中外的蜀锦

1. 惹人注目的蜀锦

蜀锦是中华民族丝绸百花园中一朵惹人注目的鲜花。唐代杰出诗人刘禹锡曾作《浪淘沙》来赞美它：

> 濯锦江边两岸花，春风吹浪正淘沙。
> 女郎剪下鸳鸯锦，将向中流匹晚霞。

多么迷人的蜀锦！在一个春天的黄昏，诗人来到春风细浪、两岸鲜花的濯锦江边，看到织锦姑娘们在清澈的江水中漂洗那织有鸳鸯鸟的，呈现出晚霞般绮丽的蜀锦！

蜀锦，产于四川成都。我国长江上游的巴蜀地区，古代蚕桑丝织就很发达。“蜀”字最早见于殷代的甲骨文，它的本义是“桑中虫”。1965 年，成都百花潭出土了战国时期的铜壶——采桑宴乐射猎攻战纹壶，其颈部有反映当时社会生活的采桑图。这都说明周代四川蚕桑业已很发达。据《华阳国志 · 蜀志》记载，公元前 316 年，秦惠文王派兵伐蜀统一巴蜀后，即在当地设置锦官。由此可见，早在战国时期，蜀地已有织锦业。

锦，是一种高级丝织品。在所有的丝织品种中，数锦最华丽，最名贵。它用多色丝线织成彩色花纹，十分悦目。锦的织造技艺要求高，费工费时，织成后“其价如金”。所以，“锦”字以“金”字为偏旁，不似其他丝织物以“系”字做部首。“锦”字还有灿烂、美好的意思。我们汉语里常用的“前程似锦”“江山如锦”“锦绣年华”等词汇，就是以锦和绣来形容的。由此可见，

精美的蜀锦

锦在我们民族历史和人民生活中占有特殊位置。

我国古代的织锦不仅四川有，山东、河北、江苏、浙江等地也有。春秋战国时，兖州生产的锦叫“织文”，扬州生产的锦叫“织贝”，只有蜀郡生产的锦才叫“蜀锦”。

蜀锦产地在成都，古称“益州”。江水静静地流过益州城下，古时的织工们喜欢在江水中洗濯织成的锦缎，逐渐地人们就把流经城下的这段岷江支流称为“锦江”或“濯锦江”。汉朝政府在城东南角织锦繁盛的地方设官管理，因此，成都又被叫做“锦官城。”杜甫曾有诗云：“丞相祠堂何处寻，锦官城外柏森森。”丞相是指诸葛亮，他是蜀汉丞相。由此可见，蜀锦与成都密不可分。

自东汉以迄隋唐五代，蜀锦在我国织锦史上，可以说蜚声锦坛，誉满中外。南朝刘宋人山谦之在《丹阳记》里推崇说，织锦以“成都独称妙”。《宋史·地理志》也说，四川的“土植宜拓蚕丝，织文纤丽者，穷于天下”。《华阳县志》则称，蜀地的“织工甲天下”。国外慕名者称之为“名贵的蜀江锦”。在相当长的历史时期内，蜀锦一直被交口赞誉。

那么，蜀锦为什么这么有名？它究竟好在哪里？

根据历代人比较研究，大致原因如下：

首先，蜀锦的织造精致。它的质地坚韧厚重，织纹精细匀实。

其次，蜀锦的图案丰富含蓄，取材广泛，而且富有浓烈的生活气息，表达了人民对美好生活的愿望。

再次，蜀锦的色彩绚烂，浓淡调和，对比强烈。它的彩条与锦群浑然一体，既富有民族风格，又具有地方特色。

蜀锦的彩条牵经是它工艺的显著特点。它那种由几组彩色经线依次由浅入深排列的色阶，就像雨后初晴的彩练，清新明朗，富于韵律感。

据说，蜀锦的染色经久不衰，能长久保持鲜艳的颜色。为什么能做到这点呢？这一方面是得力于锦江之水。《益州志》说道："成都织锦既成，濯于江水，其文（纹）分明，胜于初成，他水濯之不如江水也。"同时，也得力于蜀地所产的优质染料和染色工艺。宋朝有一个小故事说，一位少卿名叫章帖的，在四川做官多年。他把从苏杭买来的"吴绫湖罗"带到任上，"与川帛同染红"，以后又带回京师。经过梅雨季节，苏杭的绫罗都褪了颜色，唯有蜀锦红色如新。

2. 各个时代的蜀锦精品

现在让我们循着历史的足迹，浏览一下蜀锦在各个时代的盛况，以及它著名的产品吧！

在汉代以前，河南的织锦在全国独占鳌头，正如王充所说，"襄邑俗织锦"。那时的蜀锦虽赶不上"襄锦"，但也相当闻名。西汉著名文学家扬雄在《蜀都赋》中用"阿丽纤靡"四字来形容美丽的蜀锦。

更有名的是，西汉时的大辞赋家司马相如与名门才女卓文君有关蜀锦的故事。司马相如与卓文君偷偷相爱了，但遭到卓文君父亲卓王孙的反对。后来，经过一番周折，卓王孙怒气渐消，并从家中拿 100 个家奴及金钱衣物"分与文君"。这些家奴中有会织锦的，于是，在司马相如与卓文君家织了许多漂亮的蜀锦。这些蜀锦就被称为"卓氏锦"。由此又引出后世一些美丽的诗词佳话。唐朝诗人郑谷做《锦二首》颂："春水濯来云雁活，夜机挑处雨灯寒。……文君手里曙霞生，美号仍闻借蜀城。"唐代诗人张何在《蜀江春日文君濯锦赋》中曰："即有卓氏名姝，相如丽室，织回文之重锦，艳倾国之妖质。"她家织出的绚丽多彩的蜀锦，即使是著名的齐纨、楚练和轻纱，也不能和它相比。还有一个故事说，汉成帝曾命令益州官吏，要他们留下三年的税输，专门为宫廷织造一床锦帐，并且要以沉水香来薰饰它。由此可见蜀锦在汉代是多么的名贵。

精美的蜀锦

三国时蜀锦生产十分兴盛。刘备统领的蜀国靠蜀锦生产来维持生存。诸葛亮说："今民贫国虚，决敌之资，唯仰锦耳！"当时的蜀汉政府与魏吴两国贸易，蜀锦占了大宗。而曹操、曹丕父子当政时，都喜欢蜀锦。因为当时曹魏所在地河南产的锦不如蜀锦。历史事实确实如此，蜀锦的生产和贸易支持了蜀国庞大的军费开支。

魏晋以后，蜀锦的声势更加昂扬。近代丝绸考古专家兼收藏家朱启钤在他的《丝绣笔记》中说，"魏晋以来，蜀锦勃兴"，以至于夺走了号称头名的襄锦的地位，并且逐渐地使锦绫生产"专为蜀有"。西晋文学家左思在《蜀都赋》中描写锦官城内是"栋宇相望，桑梓接连"，许多人家都以织锦为业，出现了"阛阓之里，伎巧之家，百室离房，机杼相和"的盛况，而织成的彩锦，在"濯色江波"中，斑斓绚丽，五彩缤纷，以至于在万商云集的"少城"商场上尽管各种货物堆积如山，但"纤丽星繁"的蜀锦却显得特别瞩目。东晋初期，后赵皇帝石虎特别能挥霍。传说他迁都到邺后，大造宫室，建织锦署。石虎把曹魏在邺建立的铜雀、金凤、冰井三台，用锦装饰一新。三台的正殿里安放"御床"，用蜀锦、流苏做斗帐。他的皇后出游，要1000多女骑仪仗队全用蜀锦做裤子。

南朝刘宋时期，丹阳郡守山谦之慕蜀锦之绮丽，曾经从蜀中引进了织锦的"百工"到他管辖的郡地丹阳来，并以这些"百工"为骨干，在苑城"斗场市"建立了"斗场锦署"。从此，蜀锦技艺传播到了江南。

到了隋朝，传说隋炀帝在运河初开时，要乘船巡游江南。他用彩锦给游船做帆，以至于连樯十里。后来唐人在《隋宫》一诗中讽刺，"春风举国裁宫锦，半作障泥半作帆"，"百幅锦帆风力满，连天展尽金芙蓉"。

唐代蜀锦的生产水平和织造技艺，达到了新的高度，进入它的鼎盛时期。无论是花色品种，还是图案色彩，都有新的发展。以写实、生动的花鸟图案为主的装饰题材和装饰图案，形成绚丽而生动的时代风格。现实生活中的许多事实，在唐代蜀锦纹样中都有反映，不少精美的产品驰名中外。据有关人士研究，新疆吐鲁番出土的大批唐代精美丝织品中绝大部分属于蜀锦。蜀锦之所以大批进入新疆，是因为当时的主要外贸商品是丝绸，而馈赠外国君主、使节和边疆少数民族首领的主要礼品也是蜀锦。由此可见唐代蜀锦生产数量是多么巨大，品种是怎样繁多。我们现在看到的出土的唐代女俑，常穿着一种叫“半臂”的短袖紧身衫，这是唐代妇女盛行的服装。这种“半臂”一般也是用蜀锦制作的。唐玄宗时，四川向皇室进贡的五色丝织锦背心，据说一件就“费用百金”，而用丝线织成的《兰亭序》文字锦，被当作“异物”、国宝，和其他贵重物品一起，珍藏在皇宫内。唐朝末年文学家陆龟蒙在《纪锦裙》里，生动地记叙了他曾看过的一幅蜀锦裙的绝妙花样，如果用现代汉语译出来就是：前裙左边织有20只仙鹤，呈飞起的姿态，它们都弯曲着一条腿，口中衔着一束花枝；右边织有许多鹦鹉，耸着肩膀，展开尾巴，数目正与仙鹤相等；这两种鸟大小不一，中间用花卉隔开；界道向四边伸展，其间用五彩闪光的极细的细点点缀，好像空中的朝霞与残虹，又似流动的云烟与堕雾；近处，春草遮没了路径；远山，雄伟得横空出世……那时的织工，竟能如此的巧妙！

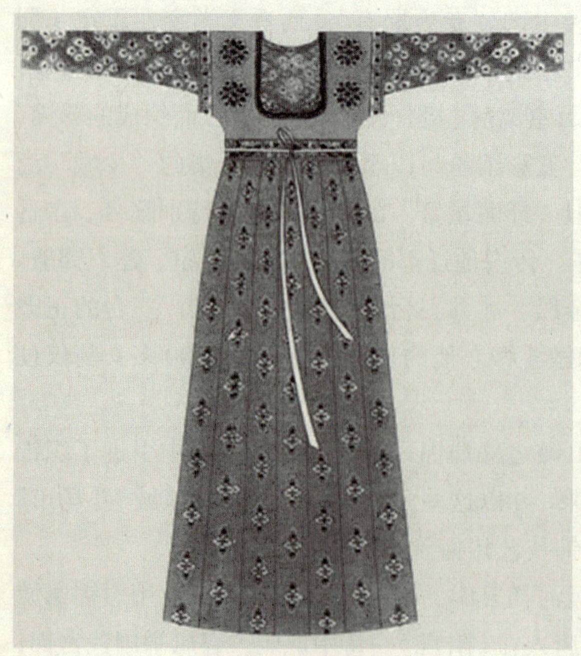

唐代妇女盛行的服装

唐代的蜀锦也深受日本人民的喜爱。由于当时中日文化交流处于高峰，所以，不少蜀锦流传到日本。在日本，蜀锦是中国唐锦的代表。一直到现在，在日本正仓院和法隆寺还藏有许多唐代蜀锦——赤地经锦残片。日本人民把它当作异国珍宝。

两宋以后，虽然四川丝织和成都织锦在全国地位仍很重要，但其声势已明显下降。明清两代蜀锦生产有过涨落波折，不过，若从蜀锦的优秀纹样（传统图案为“流霞锦”，即“月华三闪锦”“雨丝锦”“方方锦”“条花锦”“铺地锦”“散花锦”“浣花锦”“民族缎”）与机织技巧来说，它的影响却空前扩大。它把自己的传统技艺精粹传给了河南、河北、山东和江浙一带织锦行业，造就了日后宋锦和云锦的挺拔而起。

蜀锦确实是我国丝绸史上一朵耀眼的鲜花。它曾经光彩夺目地照耀过自两汉、三国，以至魏晋南北朝 700 多年的丝绸之坛，尤其是在唐朝的近 300 年中，蜀锦曾大放异彩，给人们留下了绝美的风姿。

二、巧夺天工的缂丝

1. 什么叫缂丝

缂丝，什么叫缂丝？让我们先欣赏一幅丝织艺术品！

中国出口商品交易会，又称广交会，创办于1957年，每年春秋两季在广州举办，迄今已有近50年历史，是中国目前历史最长、层次最高、规模最大、商品种类最全、到会客商最多、成交效果最好的综合性国际贸易盛会。有一次，在交易会纺织馆的大厅中央，陈设着一座瑰丽夺目的大型屏风，引起了各国客商争相围观。大家看到，在条幅屏面上是一幅具有浓烈民族特色的中国花鸟画：那富丽堂皇的牡丹花卉，在栩栩如生的绿叶映衬下，娇艳欲滴地盛开着；那居于画幅中心地位的羽翎绝美的孔雀，矫健地伫立在苍劲挺拔的松枝上，它转首回眸，审视着花中之王——牡丹，似乎要与它斗艳争春，试比高低。整幅画面呈现出一派欣欣向荣、生机勃勃的景象。一些国际友人和海外侨胞观看了这幅作品后，简直不敢相信这是一件丝织物。它是用怎样的技巧把中国画那特有的风韵逼真而传神地

金地缂丝鸾凤牡丹纹圆补

再现出来，达到青出于蓝而胜于蓝的艺术效果的呢？随着围观的人流缓缓地移动，大家都转到了屏风的背面。呀！背面竟然也是这幅光彩夺目的绘画，与屏风正面绝无二致。多么神奇，哪里能有这样的双面绘画！它，就是我国现代的缂丝作品。

缂丝，又叫刻丝（也有写作克丝），是专门针对这种丝织品织出的花纹具有特殊的视觉效果而言的。它的纹样边饰清晰，历历如刀镂一般。因而，织品的图案具有立体感，像镶嵌在绸面上似的。

缂丝，是一种特殊的丝织品，它和一般的丝绸织物不同。一般丝绸织物都是经纬线通贯到底，不管是经线起花织物，还是纬线起花织物，织制方法都是相同的。但是，缂丝不同，缂丝是经线贯通，纬线弯曲。宋代庄绰在《鸡肋篇》上说，缂丝“盖纬线非通梭所织也”，就是指的这种情况。因此，一般人把缂丝这种特殊的织锦方法简单地称为“通经断纬”。

那么，“通经断纬”这种织法有什么好处呢？它可以随心所欲，不受限制地将花纹在织物上织制出来。根据花纹图样，哪里需要什么，机手就织出什么。有花纹的地方就织，无花纹的地方暂不管它。

如果你要到织锦厂去看缂丝工人操作，那是很有意思的。一台木制的织机很像一把大梳子：机上有白色生丝做经，挣于木机之上；由许多把不同色彩的熟丝（精练过的生丝）绕成的小梭子置于经面的两旁，以作织纬之用；织制时缂丝工人根据花纹的轮廓边界，用手不断地摆动小梭子，穿引各色纬线，一小块一小块地盘织着；纬线的小梭子不拉到头，让它随纹样弯曲地跳动；就这样，由局部到整体，把那映衬在经丝底部的图样，活脱脱地移到经面

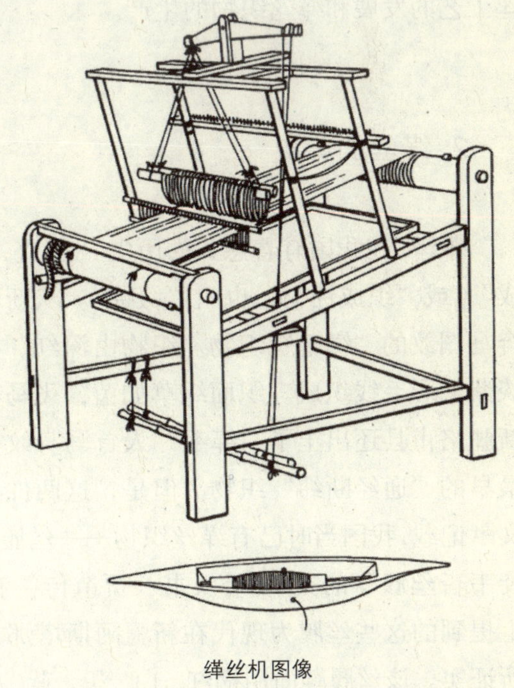

缂丝机图像

上来。织品织成以后，那花纹不管你正看反看，都是一模一样。

因此，缂丝是一种手工艺术品。它的织制相当费工，一件大的织品，一个工人有时要几年才能织成。《鸡肋篇》上也记载："妇人一衣，终岁方成。"缂丝是一种相当贵重的高级丝织品，素有"一寸缂丝一寸金"之称。

值得提出的是，别看缂丝的织机很土，然而用它织出的织物却出类拔萃，巧夺天工，使世人为之惊叹！它是中华儿女智慧的结晶！据了解，直到现代，这种技艺也还只有中国人能够纯熟地掌握操作。

缂丝工艺品是我国丝绸中又一朵璀璨的鲜花。由于它织工精细，费工费时，一般只能织制少量佳作，作为馈赠的礼品和展览之用。周恩来总理曾经与丝绣艺术品收藏家，曾任过北洋政府代理国务总理的朱启钤先生有过交往。朱先生曾将他手书的"松寿"缂丝小条幅，亲手装裱，并通过中央统战部赠送总理。和服是日本的民族服装，一般都用丝绸制作，而和服上系的腰带，讲究的一定要配缂丝织品。新中国成立后，我国有一定数量的缂丝出口，以满足日本人民的需要。至于在国内市场，还很少见到有缂丝织品出售。随着人民生活水平的提高，相信会有越来越多的人喜爱缂丝织物，这必将促进缂丝工艺的发展和缂丝织物的生产。

2. 缂丝的历史

缂丝，在我国有着悠久的历史。据查，它最早出现在汉代，那时叫作"织成"（或"织成锦"），也叫"缀锦"。从新疆汉代古楼兰遗址中出土的有卷草奔马图纹的"缂毛"织物。织物由深红、棕黄、浅棕、浅黄、绿色、浅绿和淡紫七彩毛线织成。织面绿草如茵，飞马奔腾，看起来很有气势。另外，在新疆洛甫县还出土了"缂毛"人首马身纹裤。这是我们现在所能看到的两件最早的"通经断纬"织物。但是，这两件实物都是缂毛，不是缂丝。据汉代文献记载，我国当时已有缂丝织物——丝履出现。《盐铁论 · 散不足》中有"婢妾韦沓丝履"的文字。《汉书 · 贾谊传》有"绣衣丝履"的记述。汉代文献上提到的这些丝履为现代在新疆阿斯塔那古墓中发现的东晋时代的缂丝丝履所证实。该丝履鞋面用褐红、白、黑、蓝、黄、土黄、金黄、绿八色丝线织成。

鞋面上织有文字，字体为隶书。鞋尖处织有对兽。鞋缘分布菱形花纹和云纹图案。两只鞋面花纹一致而对称，与汉代文献记载十分吻合。因此，我们可以说，汉代我国就有缂丝织品，其织品和技艺已相当高超，其时已向西北少数民族地区传播，以至于形成边疆特有的缂毛织物。

唐代缂丝也很著名。当时定州等地就能织大幅佛像。据说，武则天曾下令制织成锦（即缂丝）佛像多幅分赠给各大寺院和邻国。日本人民也非常喜爱我国的缂丝，直到现在，在日本正仓院还收藏着我国唐代赠送给他们的缂丝珍品。新疆阿斯塔那古墓还出土了唐代女舞俑身上的一条缂丝腰带。腰带上用大红、橘黄、土黄、海蓝、天青、白色、沉香及草绿（底色）八种丝线织成四叶图案。花纹采用分段退晕法织出色晕层次。五代时的朱梁缂丝《金刚经》遗物，现在藏于故宫博物院，其书法简洁有力，为我国收藏最早的缂丝书法作品。

宋代缂丝极负盛名，达到了它的黄金时代，缂丝也是从此时正式定名。北宋时，定州的缂丝最有名气，是当时缂丝的主要产地。由于宋代书法、绘画艺术全面发展，所以缂丝也主要反映这方面内容。现在我们还可以从故宫博物院看到北宋时的缂丝织物“紫天鹿”“紫汤荷花”“紫鸾鹊谱”“紫曲水”等作品。有一些缂丝织品专门用来装裱名人书画。

到了南宋，缂丝的产地扩大，北方的缂丝技艺传到南方，使江南的缂丝超过了北方。镇江、松江、苏州的缂丝拔地而起，出现了一批著名的名工巧匠，如松江的朱克柔，吴郡的沈子蕃、吴煦，还有朱良栋等名家。他们专门仿织唐宋名画家的书画，使缂丝这种丝织艺术向独立欣赏性的方向发展，开创了缂丝艺术的一个全新时代。

元代的缂丝主要缂织神像和佛像，由于加织金彩，故别开生面。在新疆乌鲁木齐东南的盐湖，出土了一件元代青地粉花缂丝。这件缂丝使用了熟练的“披梭戗色法”，增加了花朵的晕色感；还使用特殊技巧，突出了绘画上的“勾勒”效果。这都是宋代缂丝所罕见的技法。

缂丝技艺在明清两代更趋精湛，作品除欣赏性的书画外，还广泛织制生活实用品，如服装、台毯、围幔、坐垫、屏风、香荷包、官扇等物。在明代，缂丝被誉为宫廷艺术，皇家用它制作龙袍。北京定陵出土了一件缂丝龙袍，是当时皇帝朱翊钧穿的，上面有十二条团龙。龙的形态各不相同，图案十分

宋代缂丝

秀丽，大多用金线和孔雀羽毛交织，织品极为珍贵华丽。故宫博物院还陈列了一件清朝乾隆皇帝的缂丝朝袍。全袍用明黄地丝线缂织，金龙和彩线交织，配色协调，花纹秀丽典雅，织工极为精致，并使用了透缂技术，使正反面花纹一致，清晰平整，反映了清代缂丝工艺的高度水平。除此之外，王公贵族以穿缂丝服装显示尊贵。在古典名著《红楼梦》里，描写到王熙凤时，说林黛玉进贾府见她穿的外罩是“五彩刻丝石青银鼠褂”，刘姥姥一进荣国府时见她用的是“石青刻丝灰鼠披风”。

三、古色古香的宋锦

1. 独特的宋锦

宋锦的产地主要在苏州，故又称“苏州宋锦”，它色彩古朴华丽，图案精致，散发着独特的魅力。那么，从哪里能看出宋锦显示出的东方美呢?

看图案!

宋锦图案具有浓烈的民族风格，表现了中国人民对美好生活的向往，把民族意识和民族心理表现得既含蓄又文雅，使你一看到纹样就能心领神会，如“人寿年丰”“百年如意”“比翼双飞”“大宜子孙”等；表示吉祥幸福的动物形象，有狮、鹤、鹿、象、孔雀、金鱼、鸳鸯、草虫等；体现儒雅风尚的文物图像，有琴棋书画、爵鼎、乐器等；象征福禄寿喜的植物图案，有寿桃、牡丹、莲花、百合、灵芝、佛手等。

为什么说独特的宋锦能给人以古色古香的感受呢?

看色彩!

宋锦的配色独具匠心，别有风味。它的色彩特点是高雅清淡，古朴含蓄，仿古宋锦在配色时，一般都含灰色调，它要求各色的色纯度、色明度是统一而和谐的，因而，配制的色彩柔和平稳，给人一种古旧而儒雅的感觉。在配色方法上运用“活色”，如 4 朵主花转轮的图案，就采用 5 种色彩来调换，结果出现 20 朵不同的花色，恰如利用不同的 5 个音阶组合成各种旋律一样，能奏出既丰富又悦耳的古色古香的音调。宋锦的地纹色，大部运用米黄、蓝灰、泥金、湖色等。花纹图案则分三类，互相搭配；较大的花纹用庄严而稳重的常用色调；主花的花蕊或图案用比较温和而鲜艳的特用色彩；而配合花

宋锦图案具有浓烈的民族风格

朵的包边或分隔上两类色彩的小花纹则用协调而中和的间色。三类色彩经过巧妙的配合，形成宋锦庄严美观的效果：灰而不闷、丽而不刺、繁而不乱、活泼自然、古色古香。

宋锦在图案设计与色彩应用上的这些特点，是植根于中华民族传统的土壤中，并在历史上逐渐发展演变而成的。

织锦，在我国有着悠久的历史。从汉代到唐代，四川的蜀锦曾驰名中外，盛极一时。到了宋代，四川的织锦仍然在发展和繁盛。但此时东西两京、真定府、青州，也就是现今河南、河北、山东等地的织锦业也蓬勃兴起。这样，宋代的织锦业就呈现一片兴旺景象。北宋政府从成都迁来熟练的锦工做骨干，建立起内绫锦院。唐末五代后蜀降宋时，仓库里留下了著名的“十样锦”（长安竹、天下乐、雕团、宜男、宝界地、方胜、狮团、象眼、八答晕、铁梗襄荷），为宋代织锦所继承。更重要的是，宋代织锦吸取了当时成熟的花鸟画中的写生风格，又发展了遍地锦纹，形成具有自己时代独有的，色彩更加复杂的丝织品。宋政府每年要锦院专门生产四类织锦，即“八答晕锦”“官诰锦”“臣僚袄子锦”和“广西锦”以作不同用处。而各类锦的花色又不相同，如“臣僚袄子锦”，又分七种——翠毛、宜男、云雁细锦、狮子、练雀、宝照大花锦、宝照中花锦。所以，当时锦的名目就有几十种之多。所有这些美丽的彩色织锦，北宋时经过系统的整理，形成独特而优秀的民族风格。南宋时又有许多新锦样问世。一时间，两宋锦坛百花盛开，万紫千红。因此，谈宋必谈锦，“宋锦”之名，不翼而飞，一直流传到现代。

宋锦的用途自古以来就分为两类：一类是服装用料，如宋代“臣僚袄子锦”等；另一类是装裱书画，包括画轴的色首、封面包装等。宋代的史学研究很盛行，北宋司马光编纂的《资治通鉴》是我国自战国到五代的一部编年史，共294卷。宋代地方志的编纂，诗词、话本、绘画都非常多，与之相应的宋代刻版印刷书籍也非常普遍，国子监、书院、家塾、书坊都刻书，国子监刻的经史书籍达十几万板，成都刻的《大藏经》也有十几万板。宋锦就是适应当时史学、文学、艺术的需要，专供书画装裱用的丝织品。书画经过宋锦装裱，就显得格外庄重和珍贵。宋锦本身又有重要的艺术价值，更增添了书画的光彩。

宋锦的色彩在古代也是分为两类：一类是艳丽夺目的，这类宋锦我们今天只能从资料中知道，已看不到实样；另一类是古朴淡雅的，我们今天大量仿制的就属这种，是从收集到的裱贴上学来的，并且仿制得更显陈旧，以装裱各种名贵书画、佛经、金银首饰器具等，给人以富贵、高雅的感觉。

宋锦图书封面

目前，宋锦的生产空前兴旺。苏州、南京、杭州、北京等地都有生产。随着国家经济发展，人民生活逐渐富裕，对外物资文化交流的发展，宋锦的生产定会出现日益兴旺的局面。

2. 宋锦的主要产地

历史跨过元代，进入明朝。以南京、苏州为中心的江南织锦业空前繁荣。自此以后的织锦，分成两股潮流：一股以南京为代表，继承了元代纳石失（即纵金锦）与妆花贮丝（即妆花缎）的特点，结合宋锦纹样，形成为著名的云锦；另一股以苏州为代表，保留了传统的宋锦特点。因此，苏州成了宋锦的主要产地。

苏州的织锦历史据说也很久远。传闻苏州锦帆路就是因春秋时吴王乘坐以锦作帆的游船而得名。但是，到明代以后，苏州生产宋锦才名声显赫起来。

苏州生产的宋锦继承着宋代的纹样。如一种叫“灯笼锦”的图案十分流行，受到普遍喜爱。这种锦还叫“庆丰年”“天下乐”。它的纹样是普填于几何图案中的宫灯，并列组成；灯旁悬挂谷穗；灯的周围有蜜蜂飞动，隐喻五谷丰登。这种纹样是宋代“臣僚袄子锦”中的一种，灯笼象征“元宵灯节，军民同乐”，故又称“天下乐锦”。

关于灯笼锦的纹样出现，宋代还有一个小故事。据说在宋仁宗时，文彦博在成都当官，为了巴结受皇帝宠幸的张贵妃，派人设计并织造了一幅织金灯笼锦送给张贵妃。在一次宫廷宴会上，张贵妃穿上这件金光闪闪的锦衣去侍宴，不想惹起一场风波。御史唐介为此告了文彦博一状，说他用“间金奇锦”买好张贵妃以谋升官。宋仁宗把唐介贬到了远州，又罢了已升任宰相的文彦博的官职。但从此，灯笼锦纹样就一直沿袭下来，为后代普遍使用。

灯笼锦

又如苏州生产的“八答晕锦”也是相当流行。它的纹样是用多边几何形做图案骨架，在骨架中的主要部位填入写生风格的花纹，在其他次要部位辅以各式细巧的几何形小花。这样，由几何图案和自然图案结合在一起组成晕色花纹，适合室内铺陈和装裱饰匣、字画裱首等用。其实，这种“八答晕锦”也是宋代典型的纹样。现在，四川省博物馆还藏有一幅珍贵的宋代“八答晕锦”，缎地纬花，地呈红色，花纹由红、绿、蓝、浅黄等色组成，以几何形构图为主，锦面由大小两种八瓣形图案和垂直交叉的直条构成，空隙处普填“卍”字花纹。再如一种叫“紫曲水”图案的织锦，明代以来被各地锦坊相沿生产，并为其他工艺品广泛采用，由一种变为十数种，通称“落花流水锦”。这种锦在明代时期特别流行，在装潢和书画上普遍使用。而“紫曲水”图案就是宋代优秀织锦艺人根据唐人诗句“桃花流水窅然去，别有天地非人间”的名句创制的。

另外，明代苏州织锦还流行把写生花卉修饰连接成为缠枝莲花和穿枝牡丹，以及花鸟配合的各种优秀图案。这也是继承了宋代织锦传统而发展起来的新图案。明代所产的这些宋式锦样，一般后来称为“宋式锦”。

苏州生产的宋式锦在明清两代有过起伏。有许多纹样在明代因战乱影响，曾大部分失传。到了清代，在外地得到宋锦裱贴，这才又使千年古锦得以恢复本来面目。从此，苏州织锦专门仿制宋锦图案，以“李万隆”“陆万昌”作坊所仿宋锦，质量最优。自清代以来，苏州宋锦一直远销北京、天津、上海等地，如北京荣宝斋，上海朵云轩、九华章等都是苏州宋锦机户的老主顾。

新中国成立后，陆万昌的儿子陆子玉把祖传宋锦业丰富的经验贡献出来，建立了专产宋锦的苏州织锦厂。苏州织锦厂力求在仿制宋锦的基础上创新，如新生产的七彩重锦“琴棋书画锦”就是较典型的宋式传统织锦，从构图色彩上看，属仿古“八答晕锦”，并有创新。主花 8 瓣如意和 14 瓣如意均匀横向间隔排列。在 8 瓣如意中间色相衬，各嵌一物，即琴、棋、书、画、定胜、明珠、太极、如意八样物品，雅俗

苏州宋锦屏风

共赏；另一枝为 14 瓣如意，中有宝相莲配置，雍容端庄，古色古香。再如苏州织锦厂生产的“缠枝莲花锦”也是继承明清以来的优秀宋锦纹样。该锦以丰满的大朵莲花为主花，蕾叶连枝并发，生动而有规律地穿衬于主题花之间，洋溢着一股活跃的生命力。枝干以优美流畅的线条穿插起伏，在人们心中引起无限伸展的快感。看整个锦面，就像是清风习习的荷塘，莲叶摇曳，碧波荡漾，达到了“接天莲叶无穷碧，映日荷花别样红”的诗韵境界。

四、金碧辉煌的云锦

1. 云锦的由来

云锦，是江苏南京生产的著名丝织物，它和四川的蜀锦、苏州的宋锦一起，并称为我国三大名锦。这朵奇异的丝织之花以傲视群芳的姿态，开放在中国。

新华通讯社曾从南京发出过一条有关云锦的电讯，记者带着兴奋的调子向读者报告说：

> 南京云锦研究所复制出两件明代皇帝的龙袍料——这两件袍料各长五丈多，宽约五尺。它的底料用绛色蚕丝织成，薄如蝉翼，并有细美花纹。其间，用孔雀羽毛、纯金线和彩色丝线交织成云纹龙图案，绚丽如霞。其中一件龙袍料上有十七条龙。它们形态各异，有的在云水中呼啸前进，有的昂首甩尾，直冲云霄。另一件有四条团龙，全用孔雀羽毛织成，四周云涛翻腾，火珠焰焰，显得金碧辉煌。更为奇妙的是，随着观者视线角度的变动，用绿色孔雀羽毛织成的龙身闪烁着宝石般的七彩光泽，变幻莫测，颇有"转侧看花花不定"的艺术效果。这种被称为"织金孔雀羽妆花纱"的织锦，是我国三大名锦之一南京云锦中的上品……

为什么要叫南京生产的这种高级丝织品为云锦呢？它的名字究竟是从哪儿来的？

说起云锦的名字，在南京一直有着一个民间传说。有一个特别聪明能干的云锦娘娘，是她发明了美丽的云锦。这个云锦娘娘不是别人，而是那个特

云锦龙袍

别会织绢的天上的七仙女。这七仙女下凡来与董永成了夫妻。她帮助丈夫织绢，一夜织成百匹，并推窗招手，把朵朵红云招来织到了绢上，从此就有金光闪闪的比彩云还要好看的云锦。

难道云锦真是这样出现的吗？

当然不是！要问云锦的由来，那就要了解云锦的历史和云锦的特点。

云锦生产已有600多年的历史，也是我国一种古老的丝织物。但它比起蜀锦和宋锦来，却又显得较为年轻。

南京的织锦业到明代有很大的发展。它是在继承前朝织锦的优良传统基础上发展起来的。宋锦的织锦工艺，尤其是宋锦的优美纹样给明代以后南京的织锦业以重要的影响。但南京织锦又不像苏州那样，完全接着宋代织锦的正规路走，它又接受元代织锦的新特点——彩丝中多加金、银线的织作方法（即蒙古族喜欢的“纳石失”），形成一种独特而崭新的织锦缎。因为这种新的丝织物色彩富丽，气势豪放，其花纹犹如天空的彩霞，所以得名“云锦”。

云锦的种类很多，但可以归结为三大类。一类叫“库锦”，在缎地上用金线或银线织出各式花纹，因此，它又被称为“织金”。库锦中又分为“二色金库锦”和“彩花库锦”，多织小花。“二色金库锦”金银线并用，“彩花库锦”除金银线外，还夹着二至三种色丝。另一类叫“库缎”，缎地上起本色花，花纹有明花和暗花两种，明花浮于表面，暗花平板不起花。另有“装金库缎”是有一部分花纹用金线或银线织成。还有一类叫“妆花”或“妆花缎”，是在缎地上（或其他地上）以各色丝织出花纹，同时用片金绞织花纹边缘，是云锦中最精美的一种。明朝嘉靖年间大奸臣严嵩被抄家后，搜出他家丝绸无数，单是“妆花”一类就有17种，后被记载在《天水冰山录》这本书中。

另有“金宝地”也属“妆花”，但它满地织金。

云锦长期以来被列为贡品，织成以后送内府入“缎匹库”，所以叫“库锦”“库缎”，一直沿称至今，所以一般人很少看到它。有一些精湛的织制技艺已长期失传。新中国成立后，云锦又恢复了生产，创造了几十种新品种，如台毯、靠垫、雨花锦、凹凸锦、双面锦等家具装饰品和艺术挂屏。像皇帝龙袍这样的精工产品如今也能让它重新再世，这不能不说是我国现代织锦业的一桩大事。我们想，假如云锦娘娘能再次下凡的话，也一定会赞叹她的发明创造又重放异彩了!

2. 云锦的成就

由于云锦在中华民族的丝绸历史上出现较晚，可以吸收各个朝代织锦技艺的精华，因此，无论在图案设计、色彩搭配，还是丝织工艺上，它都有着高度的成就。

比如图案设计，云锦中常见的图案是缠枝莲花、缠枝牡丹、折枝三多等，

云锦纹样

这是从宋锦图案里继承来的。但是，云锦中的缠枝花和折枝花一般是大花大朵，放大了宋锦的纹样，又用粗丝织制，因此，在造型上显得饱满而健康。云锦中花朵的枝干则设计得十分纤弱秀丽。这就产生了一个矛盾：硕大的花朵安放在纤细的枝干上，这能好看吗？不要紧！云锦艺人妙手写真！在长期的艺术实践中，云锦业形成了传统的拉法，“花大不宜独梗，果大皆用双枝”，妥帖地解决了上述矛盾。而且还用“枝长用叶遮盖，叶筋不过三五（根）”的技巧，把细长枝条也装饰了起来。你看，在云锦锦面上那婉约流畅的成双枝干以及清新的叶脉，极其自然而安定地衬托着丰满的花朵，多么自然而迷人！

云锦图案在造型上虽有一些传统技法，但又绝不拘守一格，而是多样变化。单以云彩的造型来说，它有四合云、七巧云、和合云、如意云、蚕茧云、行云、卧云和大小勾云之分，而这每一种彩云的态势又有不同的变化，形成云锦绚丽多姿的画面。

云锦的色彩简直是五彩缤纷，灿烂悦目，与宋锦的古朴优雅互相映衬。若把锦缎比作美丽的西子的话，那么，宋锦是淡抹，云锦则是浓妆，各有各的风韵。但是，你不要以为，浓妆的云锦就像一个不会打扮的妇人那样，全是斑斓色彩的堆积。不，不是那样！云锦的用色十分巧妙，并富于变化。它将多种艳丽的色彩搭配起来，让人看后觉得和谐、浑厚而又十分古朴。那么，云锦的配色为什么会那么美丽呢？这主要是因为它运用了“色晕”的缘故，并且又以片金绞边、大白相间的方法，使强烈对比的色彩，得到调和和统一。这样的用色和配色方法又是我国历代丝绸经验的继承和发展。

云锦纹样

什么叫“色晕”？色晕就是色彩的浓淡、层次和节奏。掌握好了色彩的浓淡、层次和节奏，就能配出十分美妙的锦面。根据多年的实践经验，艺人们将色晕编成了“晕谱”遗留给后代。这“晕谱”虽不完全，但它却是云锦传统配色经验的结晶。

云锦的色彩名目繁多，属于赤色和橙色系的有 15 种以上；属于黄色和绿色系的有 16 种以上；属于青色和紫色系的不下 20 种。什么银红、水红、妃红……沉香、古铜、鼻烟……宝蓝、古月、青莲……确实可以讲，云锦集历史之大成，形成中国锦缎的色彩宝库。

云锦织造的第一道工序就是设计花样，挑花结本。花本是将纸面上设计的纹样，过渡到织物上的桥梁。明代宋应星在他的《天工开物》中说：“凡工匠结花本者，心计最精巧，画师先画何等花样于纸上，结本者以丝线随画量度，算计分寸秒忽而结成之，张悬于花楼之上。”实际上，编花本就像是为电脑编程序，花本就是能让织工读得懂的程序。

花本上机后，提花者无须知道纹样，只需按地线顺序提拽，而织者也无须准确知道具体花纹，只要掌握提出花纹的经线所代表的色彩以及它的变化运用方式，就能织出五彩缤纷的花样来。

妆花的织造采用了挖梭和通梭配合使用的方法：在缎纹地上，用通幅的大梭子织一至几梭地纬，再用放在幅面上的各色小管梭按花纹纹样的要求逐次挖织一梭花绒纬，这叫作“过管”。每过完一边管，再用通梭织地纬，小管梭上的色纬可以根据花纹的需要随时调换。因为工艺独特、复杂，云锦的织造至今无法用机器替代，每天只能织出二至三寸，因此古代有“寸锦寸金”之说。

在云锦织造行业有一个奇特的现象，那就是大花楼提花机的织工大多是男子，这是因为过去云锦行业中就有“女大嫁人，技不可授”之说。挑花结本、牵经、接头、制梭扣、打范子等专门手艺，都是非子孙不传的独门行业。这种父死子继，世业相传的做法实际上与明清时官办织局实行的匠户户籍制度是分不开的。

今天的云锦织造业中，女织工、女提花手数量渐渐多了，经她们一梭一线织出的云锦，同样绚丽、灿烂、华美。

五、光彩夺目的少数民族丝绸

1. 维吾尔族的丝绸

你逛过民族商店吗？你到过少数民族地区吗？你见过少数民族的丝绸装饰和丝绸织品吗？如果你去过、看过的话，你一定会被少数民族艺人的心灵手巧，以及他们劳动成果的迷人色彩和旖旎风格所征服。

我国是个多民族的国家，少数民族兄弟姐妹与汉族和睦相处，在漫长的历史中共同创造了灿烂的中华文化，也丰富了丝绸宝库。

很多少数民族织绸的历史也很悠久。据说从东汉（也有说是从东晋）时起，汉族的养蚕业以及织绸技艺就传到了西北的于阗国，可能自那以后新疆地区的织绸业就开始了。现代我们在新疆喀喇和卓古墓出土了北凉—高昌时的文书，上面记载，在那个时候就有疏勒锦、丘慈和高昌所做的丘慈锦，距今已有一千五百多年的历史。新疆维吾尔族生产的和田绸和回回锦，历史上就很有名。故宫博物院现在还保存有清代维吾尔族进贡给朝廷的这些织品。和田绸是维吾尔族传统的染织品，维吾尔族人民称之为“艾德莱斯”。这类织品根据花纹设计要求，按先染经、错花或印经而后织纬的方法织成，故亦称“染经绸”。和田绸的原料有两种，一种是用纯丝，一种是丝、棉合用，织工十分精细。“艾德莱斯”的色彩十分艳丽，花纹纹样丰富，具有突出的维吾尔族风格。和田绸深受维吾尔族人民喜爱，妇女们争相用它做衣裙。回回锦也是维吾尔族人民喜爱的一种织物，它多采用植物或几何形图案，如“砰丹姆”“小簇花”等纹样最流行，回回锦的织工也相当精巧。

居住在西北的维吾尔族姐妹，擅长制作丝绸绣花帽。只要你到新疆去，

和田绸

无论走到哪里，都可以看到男女老少每人头顶上都有一顶美丽别致的丝绸绣花帽。这种绣花帽就是维吾尔族姑娘智慧和灵巧的产物。

花帽虽小，制作工艺却相当复杂。它是用丝绒或织锦缎等做面料，以金银线或彩色丝线精心绣制的。做成的花帽，美丽典雅，四方起棱，柔软可折叠，戴起来十分平整有型。由于新疆地域辽阔，民族杂居，习俗各异，使用对象不同，所以各地区的花帽制作方法也不尽相同，千姿百态，具有明显的地方特色。

和田地区的花帽以格子架绣女式花帽最负声誉，它以几何纹样组合成一种彩色丝线满地平绣图案，纹样严密紧凑，形状扁平，四角突起，产品远销各地，深受广大妇女欢迎。吐鲁番地区的花帽别具一格，它的特点是花宽地窄，再巧妙地用合适纹样与边缘纹样上下配置，丰满充实，使整个花帽看起来，犹如精巧的花冠，艳丽夺目，给人以丰裕富饶、兴旺如炽的美感。吐鲁番地区经济比较发达，人民的生活富庶，这种饱满的图案和优雅的造型便是现实生活的艺术写照。喀什地区的花帽以黑地白花、顶大口小、棱角突起的巴旦姆男式花帽为特色。这种花帽纹样吉祥活泼，花色古朴肃穆，造型大方素雅，

维吾尔族民间的绣花帽

不仅在新疆而且在中亚一带也深受穆斯林的喜爱。盘金盘银的女式花帽在该地区也很有特色，甚为普及。库车地区的花帽以串珠、镶片的女式鼓顶花帽比较多见。这种花帽晶莹剔透，鳞光闪耀，斑斓绚丽，花饰犹如浮雕，每个花帽都是一件珍贵的艺术品，让人百看不厌，怜爱不已。伊犁地区的花帽造型扁浅圆巧，色彩柔和协调，以概括提炼的单独纹样为特色，整个花帽雅致大方。这里地处边境，其花纹图案自然会受到外来文化的影响。哈密地区的花帽因受汉族及其他少数民族文化的影响较深，图案纹样显然体现出了汉族装饰特点，纹样比较复杂，色彩十分鲜艳。

维吾尔族花帽，都是维吾尔族女性精心绣制的。她们大多因地制宜，就地取材，用巧妙的构思、精湛的技艺，制作出各种各样别具一格的花帽。花帽的图案纹样除世代相传外，这些能工巧匠们还将丰富多彩的自然界物体形态，在写实的基础上进行艺术提炼、概括、夸张、变形，使之成为具有浓厚的乡土气息和强烈的民族情趣的图案，给人以美的享受。维吾尔族花帽不仅受到本族人民喜爱，也受到国内其他民族的欢迎，并且远销到国外，受到普遍赞赏。

2. 南方各少数民族的丝绸

居住在祖国西南和中南的各兄弟民族也是勤劳、智慧的民族。他们在历史上很早就开始了纺织。据说，在三国时，蜀汉政权把精美的蜀锦纺织技艺传到了当时的南中（今云南、贵州，以及广西、四川的部分地区）。据《遵义府志》《贵州通志》和《黎平府志》记载，那时这些兄弟民族就能织制美丽的侗锦、苗锦、绒锦、棉锦，并把这些锦称之为“诸葛锦”或“武侯锦”，这是对当时的蜀汉丞相诸葛亮的赞美。因为诸葛亮的南征军到达贵州铜仁时，教苗族群众染织“有文彩”的木棉锦，而苗族兄弟姐妹就用它做衣被，防止了那里瘟疫疾病的蔓延。贵州黎平的侗族人民也从那时的蜀锦中学会了用五彩绒织出有花木禽兽图案的侗锦，“下水色不败，浸油不污染”。

南方少数民族的妇女都擅长纺织，姑娘们织出的精美物品常常是她们心血的结晶。在这些地方，青年男女有独特的社交、聚会习俗，姑娘们把心爱的织品送到她们爱慕的情人手里。如侗族盛行“走寨”。“走寨”是姑娘们结伴在屋中纺纱织纴，青年男子携带乐器前来伴奏对唱。他（她）们通过歌唱，倾诉爱情，互相“换记”以定情。又如布依族男女青年在“赶表”途中对唱情歌，并互赠信物，姑娘们送给小伙子的一般都是她们美妙的纺织刺绣物品。有一首情歌反映了西南少数民族青年男女的生活情调和他们对自己劳动产品的挚爱：

> 郎锦鱼鳞纹，侬锦鸭头翠。依锦作郎茵，郎锦裁侬被。茵被自两端，终身不分离。

壮锦是我国壮族姐妹的创造。它以独特的风格，长期以来吸引着人们的视线，有相当高的声誉，又有人把它与优美的蜀锦、宋锦、云锦并列，并称为我国的四大名锦。

壮锦不是完全用丝线织成。它是用棉或麻的股纱做经线，以不加拈或微加拈的缕丝做纬线相互交织而成。在织物结构上，它和云锦、侗锦类似，以纬线起花，属重纬组织。因此，它的织品较为厚重，可做被面、褥面、床毯、台布、背包、挂包、头巾，以及壁挂、锦屏等等。

壮锦的色彩非常悦目。传说聪慧的壮族妇女，从当地盛产的染草中提炼出靛蓝、茜红等染料，用洁净的青衣江水，把自己的织品染成美丽的颜色。事实上，壮锦多用大红、杏黄、翠绿或纯白等色彩做地色，以对比强烈的色调做花色，力求使锦面五彩鲜明，夺人眼目。

壮锦的图案绮丽绚烂，常用菱形几何花纹做骨架，以粗壮线条的菊花或梅花普填在里面；或者用回纹、“卍”字和水纹、云纹做地纹，以造型奇异的龙凤鸟兽规则而散点地排开，使锦面产生相当美观的效果。

正是由于壮锦的独特织法、用料，以及色彩与图案巧妙的结合，因而构成它特有的艳丽而粗犷的风格。

壮锦

壮锦在历史上一直受到本族和其他民族人民的喜爱。它是西南地区少数民族人民婚礼、集会，以及装饰行李必备的物品。清代沈曰霖著的《粤西琐记》记载说，当时的壮锦售价很高，因它“五彩烂然，与刻丝无异”，所以，吸引了很多人，“凡至其地者，莫不争购之”。

壮锦确实是少数民族丝绸品种中的一朵奇葩。它虽在新中国成立前一度衰微，但现早已恢复发展，不仅广泛供应国内市场，外贸也是畅销商品，尤其是广西壮族自治区靖西县生产的壮锦更以图案精巧、织法细致、色彩鲜艳而著名，靖西县因此被称为“壮锦之乡”。

居住在西南和中南的苗族妇女十分重视自己的装扮，她们平时都要穿美丽的丝绣服饰，到了节日或是串亲，更是穿得漂亮。她们喜欢刺绣衣领、后肩、袖口、袖套、裤脚、头巾、腿套和围裙，将美丽的彩色图案布置在明显的地方。她们喜欢用本地出产的蓝靛染布，然后再刺绣各种花纹，显得分外美丽。

苗绣是苗族同胞一大重要的民族工艺，为中华民族的瑰宝。在色彩上，苗族儿女受到自然影响，他们看到雨后的彩虹和山里的孔雀，就受到感染，因而采用对比强烈的色调，绣出璀璨夺目的色彩。有一首古老的歌曲，反映了苗族儿女卓越的创造才能：

以前不聪明，后来才聪明。
哪个最聪明？有一个青年最聪明。
他走到坡上去，扣得一只孔雀，
送给亲爱的姑娘。
姑娘照着孔雀的模样，打扮自己的美姿：

高高的发髻，好像孔雀的羽冠；
宽宽的花袖，好像孔雀的翅膀；
密密打折的长裙子，好像孔雀的羽尾；
苗家的姑娘，好像美丽的孔雀。

苗家姑娘刺绣的图案也是来自生活，接受大自然启发的。她们多采用几何纹样，也常将花草、鸟兽、小鱼、流水等加以艺术概括，经过变化和巧妙构图，严密布置，绣出一幅幅动人的美丽服饰作品。

我国西南一些少数民族对丝绸印染也曾做出过杰出的贡献。比如“蜡染”，就是远在秦汉时期就发明出来的。苗族的“点蜡幔”，瑶族的“瑶斑布”（“斑布”就是花布）都十分著名。这种蓝地白花的印染技术曾因花样细致、层次丰满，很早就流传到中原，对汉族的丝绸印染产生过重要影响。唐代京城长安的妇女争相穿着蜡染（也称“蜡缬”）丝绸衣裙，十分美观。后来这种印染技艺在丝绸上还曾发展到运用彩色蜡染。现在，西南的少数民族，如苗族、

苗家刺绣

蜡染

布依族、仡佬族等仍十分喜爱蓝地白花蜡染。汉族各地妇女也喜爱用它做衫裙或拎包面料，但大多已不是绸料，而是棉织品。

我国少数民族丝绸以它突出的旖旎风采和特有的奇妙色调而惹人注目。

六、载誉天下的湖丝

1. 湖丝的历史

丝绸丝绸,有丝有绸,绸是用丝织成的。绸在中华民族的历史上放着异彩。那么丝呢?有没有一种丝能为中华民族增添光彩?

有，这就是湖丝!

湖丝，是指江南太湖一带出产的生丝。就是现代，我国的湖丝（代表为梅花牌桑蚕丝）在国际上也十分畅销。意大利和法国的高级丝绸时装享誉世界，其时装一定要用中国的生丝来织制。一位访问过中国的美国时装专家曾在美国《国家地理》杂志撰文说，哪怕是从意大利和法国运来的丝绸，都来源于中国，迄今为止，只有用中国生丝在意大利织成的丝绸才受到服装设计师们的推崇。

为什么湖丝这么有名?它究竟好在什么地方?让我们从湖丝的历史谈起。

湖丝的原名叫“辑里丝”或“七里丝”。“辑里”(谐音“七里”)是一个村名，在太湖之滨。宋代以后，太湖流域蚕桑业集中、发达。养蚕季节，杭嘉湖地区“茧箔山立，缫车之声，连甍相闻”。到了元明时期，由于这里出产的生丝质量特别好而远近闻名，辑里丝的名声从此传开。

但是，辑里丝在明代中叶以前，其生产地区仅指辑里村附近的一些村落，辑里村附近生产的生丝是名副其实的辑里丝。后来，由于需求量大，辑里村附近生产的丝，已供不应求，而它的一套生产技术又逐渐为太湖一带广大地区的群众所掌握。因此,明代中叶以后,凡杭嘉湖地区出产的生丝都统称为“辑里丝”了。实际上，这些大部分只是湖丝，质量仍赶不上真正的辑里丝，真

太湖之滨的辑里村

正的辑里丝与湖丝比较，更能独放异彩，有眼力的人是可以从容识别的。明朝万历年间，辑里村附近的一个叫朱国桢的进士，他在自己所写的《涌幢小品》中说过："湖地宜蚕，新丝妙天下。又湖丝唯七里尤佳，较常价每两必多一分，苏人入手即识，用织帽缎，紫光可鉴。"

明武宗（1491 年—1521 年）以后，湖丝影响扩大，号称"湖丝遍天下"。国内许多地方都有湖丝买卖，或用湖丝织绸。当时福建的绸绢、江西的绫绸，以及北方著名的潞绸，其原料有相当一部分来自湖丝。据说广东的粤缎，"必用吴蚕之丝，若用本地之丝，则黯然无光，色亦不显"；粤纱，"金陵苏杭皆不及，然亦用湖丝"。而在国外，东南亚各国和日本，都贩卖我国的湖丝以牟取暴利。明朝顾炎武在《天下郡国利病书》中说，"湖丝百觔（斤），价值百两者，至彼（南洋各国）得价二倍"，"湖之丝绵，尤为日本所爱好"。在当时，日本"若番船不通，则无丝可织"。这都说明我国的湖丝在国外很有市场，是畅销产品。

清代，湖丝更为外国人喜爱。据清代《皇朝经世文编》上记载，"泰西（西方）之来中国购丝也，始于康熙二十一年（1682 年）。其时海禁初开，番船尝取头蚕湖丝运回外洋。乾隆年间（1736 年—1796 年），欧洲商人争相到中国购买湖丝。但当时国内需求量大，就禁止出口。这些外国人买不到湖丝，只得退而求其次，买广州的生丝，以至于促进了珠江三角洲蚕区的开发。鸦片战争以后，上海对外开放，外贸中心遂从广州移至上海。外国商人又纷纷跑到距上海很近的杭嘉湖地区搜求湖丝。一个叫马士的外国人说得十分清楚："就丝来说，把贸易局限于广州一地的束缚放宽后的效果更是显著。中国产丝量最大——在差不多是当地的全部产量——而且质量最好的产区，都是在一个 100 英里稍长一些的地区。这个地区的东北端便是上海。因此，在内地税方面即使占不到什么便宜，产品都流向这个口岸。上海立刻取得了作为中国丝场的合适地位，并且不久便几乎供应了西方各国需求的全部……"

据《吴兴农村经济》记载，在太平天国时期，"外商需求既殷，收买者踊跃赴将，于是辑里丝价雀起，蚕丝之业乃因之愈盛"。又据《长兴县志》说："近时细丝，西洋买客贸去者为多。"同治元年（1862 年），一个曾在海关任职的职员李圭统计过，该年湖丝出口数量高达 810 多万斤，折合 10 万多包，故有所谓"湖丝极盛时，出洋十万包"之说。1880 年前后，湖丝出口到达鼎盛时期。这一年单是太湖地区南浔、震泽两地湖丝出口即达 21400 多担，约占当年全国生丝出口总量 82201 担的四分之一。

2. 湖丝品质解析

湖丝之所以特别好并优于其他地方出产的生丝，首先是因为湖州地区蚕家不轻易购种饲养，以防遇到假劣种。辑里村人所培育的优良蚕种——"莲心种"，因其蚕茧小似莲实故名，用这种茧缫出来的丝纤度细、拉力强、色泽鲜、解舒好，是"丝纹极细，可制九至十一条分"的细丝。对此，历史上国内外许多学者与专家均做过研究，并有记述。而且，当地桑树品种——湖桑，品质优良，蚕儿吃了以后营养好。

除却蚕种和桑叶，太湖上佳的水质更是湖丝成名的关键所在。缫丝与水质有很大的关系，这一点，在清朝就有人认识到了。当时太湖地区的人对制丝用水就有选择。《湖州志》上说，湖地人发现水对于丝的重要性后，他们

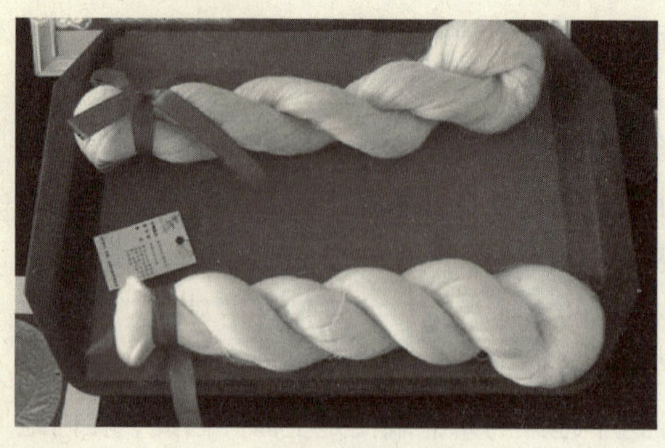
湖丝

看到许多地方河水澄清度不够，便早于半月前用旧缸储蓄，待清后再用。“流水性动，其成丝也光润而鲜；止水性静，其成丝也肥泽而绿”就是他们总结出来的经验，并提出“山水不如河水，止水不如流水”。辑里村村东有息荡河，流经穿珠湾，又曲流至村南淤溪，分二流，一向西到池亭漾，一沿村西北上至村西头接七里塘。在西塘桥处，河水泥沙沉淀已尽，水静碧澄，透明度达 100%。当地蚕农有“水重丝韧”之谚，说此地水较别处每 10 斤必重 2 两，且性肥而暖，水流动而清，取以缫丝则光泽可爱，所缫之丝可多挂两枚铜钱而不断。

据说，新塍镇（位于今浙江嘉兴市）能仁寺的泉水特别好，“乡人取以缫丝，色倍光洁”，因此，把它称为“缫丝泉”。清末，浙江嘉兴府秀水县新城沈国淇写了一首诗来说明缫丝与水质的关系：

缫丝泉上水如油，来去如梭泛小舟。
为要新丝颜色好，都来花底载清流。

而 1932 年，赵鼎元在《辑里湖丝调查记》里说得更清楚：

> 七里乃太湖之滨一小村落，曰辑里湾，位于江、浙两省之边境，介于南浔、震泽两大镇之间，地虽偏僻，农民则习于养蚕，加以湖水清澄，蚕儿既以湖桑之肥润得天独厚，又有澄莹、纯洁之湖水供其精制，故色泽极佳，夙为外人所称许，销往遍于欧美。

湖丝之所以特别好，还因太湖地区蚕农的缫丝技术比其他地方高超。我们知道，丝的优劣对于织绸关系很大。一根生丝缫出来要求均匀，要做到这一点就很不容易。因为每根茧丝从蚕嘴里吐出来时并不是从头到尾一样粗细，一般是头尾细，中间粗。因此，配茧制丝技术就很重要。另外，配制出来的生丝最好不要有接头，这就要掌握缫丝添绪的技巧。还有，每根生丝都是由多根茧丝集合而成，而这多根茧丝能否拧成一股，抱合紧密，也需要重要的技术经验。因此，太湖一带将丝车从单绪改进为缫细丝的三绪，转轴改用脚踏式转动。这样，便可腾出双手来索绪和添绪，既提高缫丝质量，又增加了缫丝绞力。所缫之丝缫得特别灵巧，工艺上则极注意细和匀，以做细丝和中匀丝为主。湖丝还富于拉力，丝身柔润，色泽洁白，具有“细、圆、匀、坚”和“白、净、柔、韧”的特点。所以明代黄省曾在《蚕经》中称：“看缫丝之人，南浔为善。”

明朝崇祯年间，首辅温体仁在其母病故时回乡守孝。他将宫中织造太监对湖丝条纹不匀，宜改缫粗丝为细丝更佳的意见带回家乡。于是，辑里村的缫丝女工们经过反复尝试，以缫七粒茧细丝为主。这“改缫细丝”与后来独创的“鲜茧生缫、冷盆低温、定粒缫丝、勤换塔头、卷绕压稳、炭盆干燥、环境清洁”，被后人称为“缫丝八法”。经过不断改进，辑里村所缫的丝质越来越好，很快质量雄踞全国之冠。而此时的温体仁已出任首辅大臣（相当于宰相），他借机向紫禁城里的帝后妃嫔、内务织造官等大肆宣扬辑里湖丝的质量，于是乎皇宫内外及诸织造府（局）均选辑里丝做上品丝织原料，甚至用于织造朝服，乃至龙袍。辑里湖丝遂名声鹊起。

现代，我国的生丝畅销意大利、瑞士、法国、日本、印度等国，尤其是江浙出产的湖丝，供不应求。外国人一看到生丝名牌——梅花牌，就翘指称誉。在世界上，究竟有谁能计算得出有多少人穿着我国湖丝织制的丝绸时装，出现在各个场合呢？

七、畅销欧美的柞丝绸

1. 柞丝绸的历史

柞丝绸作为真丝绸的一种，是我国传统的出口产品。我国山东、河南、辽宁的柞丝绸早已闻名中外。外国人有时称之为“山东绸”,这是有其原因的，我们在下面将要谈到。近年来，柞丝绸生产有较大发展。据统计，我国柞蚕丝的年产量为1890吨，柞丝绸年产量为2115万米，绝大部分供出口之用，销往欧美。我国的柞蚕丝，尤其是水缫丝，因质量好，在国际市场多年畅销，供不应求。我国的柞丝绸，尤其是山东、河南、辽宁的平素练白绸，因其特殊风格，在国外市场久销不衰。在国内，柞丝提花软缎被面也受到城乡人民喜爱，是热门商品。

那么，柞丝绸为什么受到人们喜爱呢？主要是因为它牢度好，吸湿性强，有弹性，色光柔和。用柞丝绸做的服装穿着舒适、美观、大方。近年来，在一些发达国家，流行用柞丝绸在室内做装饰艺术品，因而，它就备受珍爱。

柞丝绸是我国著名的特产之一。它原产于我国，后来传到了朝鲜和日本。不论古今，在世界上，我国都是产柞丝绸的主要国家。现在，我国的柞丝绸年产量占全世界的90%。因此，我国有“世界柞丝生产基地”之称。

考察历史,我国柞蚕原产地是山东。战国时成书的《禹贡》以及《管子·地员》篇中都有青州柞蚕丝的记载。西晋时崔豹著的《古今注》记载了西汉时柞蚕利用情况：“汉元帝永光四年，东莱郡东牟山有野蚕为茧，茧生蛾，蛾生卵，卵著石，收得万余石，民以为蚕絮。”从战国到汉代，柞蚕名称尚未出现，这里野蚕即指柞蚕。老百姓用它做丝絮，就是做丝绵。东莱郡、东牟山都指山东半岛。

我国最早出现“柞蚕”这个名称是在南北朝时期。当时有一部史书叫《广志》记载说：“有柞蚕，食柞叶，可以作绵。”

柞蚕和柞蚕茧

从元代到明初的史籍可以看到人们对柞蚕认识的提高。1296 年，《元史 · 成宗本纪》记载了湖北省随县有野生柞蚕自然成茧长达数百里的事例。这种事人们常常把它当成一种吉兆上报最高当局并记入史册。到了 1369 年，《明太祖宝训》中记载，河南省确山县野蚕大批成茧的事例。这时群臣又要向皇帝表示庆贺，被明太祖制止了。为什么制止呢？《皇明大政记》中引了明成祖的话说：“野蚕成茧，亦常事，不足贺。”这说明到明朝初年柞蚕成茧事实已屡见不鲜，连皇帝都觉得不算稀奇了。

明代，山东人民对于放养柞蚕逐渐有了一套成熟的办法，而民间利用柞丝织“茧绌”已经成为一项重要副业。到了明朝末年，靠近山东半岛的益都人孙廷铨写了一本《山蚕说》，专门介绍了放养柞蚕的技术。他在书中描述了当时胶东一带山区放养柞蚕的盛况：“野蚕成茧，昔人谓之上瑞，今乃东齐山谷，在在有之……弥山遍谷，一望蚕丛。”

通过上述文字，我们知道为什么把柞丝绸称为“山东绸”，那是因为山东是柞蚕的盛产之地。

明朝末年，在崇祯皇帝当朝时期。当时，西边有李自成的农民起义军，北边有清朝贵族要叩关夺权。这位明朝末代皇帝表示要节衣缩食以应付非常时期。那时，臣僚们盛行穿华丽的桑蚕丝绸服装，崇祯皇帝看了后表示反感。因此，吓得群臣不敢再穿。那么，怎么办呢？这些官员颇有办法，他们开动脑筋，纷纷脱下华丽的桑蚕丝绸衣装，而换上了素净的柞蚕丝绸服饰。一时，柞丝绸盛行在京城内外。这件事记载于清代一本叫《寄园寄所寄》的书里。

大约自清朝雍正以后，放养柞蚕的技术先后推向全国各地，如陕西、河南、贵州、辽宁等省，大概又从贵州推向四川、云南、广西……放养柞蚕的书籍也多有刊印出版。到现在，我国已有22个省在放养柞蚕。柞树林共有8709万亩。可以说，东起山东半岛，西至秦岭、伏牛山区，南到南岭山脉，北迄兴安岭和长白山，到处都有柞蚕放养，呈现一片蓬勃发展的景象。

柞蚕从山东引到辽宁以后，主要在盖县、岫岩一带放养。而后，辽宁柞蚕养殖逐渐赶上并超过了山东，坐上了全国柞蚕产区的头把交椅。20世纪以来，河南的柞蚕生产也有迅速的发展。

2. 柞丝绸的特点

柞丝绸是我国传统丝织品，具有悠久的历史。柞丝绸是柞蚕丝织的绸，它不同于桑蚕丝绸。我国的蚕丝有多种，除桑蚕丝为第一大类外，还有柞蚕丝、樗蚕丝等，柞蚕丝为第二大类。桑蚕因早已家养，一般称为家蚕，其余都在野外放养，故称野蚕。但不管是家蚕也好，野蚕也好，又因它们都是绢丝昆虫吐的丝，织的绸，所以统称为真丝绸。由此我们知道，柞丝绸与桑蚕丝绸一样，都是真丝绸。

柞丝绸的分类与桑蚕丝绸相同，一般分为柞丝绸类（如柞丝绸、柞丝哔叽）和柞绢绸类（如柞绢纺）。此外还有柞丝与其他纤维交织的品种，如柞丝与粘胶丝交织的提花绸，柞丝与涤纶丝交织的印花绸等。

野蚕丝的利用，比家蚕丝的利用更早。古时候的琴弦一般多用野蚕丝制成，因为野蚕丝的强度要比家蚕丝高得多。汉代枚乘《七发》中说："龙门之桐，高百尺而无枝。……使琴挚斫斩以为琴，野蚕之丝为弦。"据史书记载，山东一带盛产野蚕，当地称之为山蚕，茧生山桑，不浴不饲，民取之以为缯，坚韧异常，取之制为绸，久而不敝。山蚕，又可称为樗蚕，亦可称为柞蚕，放养在樗树、柞树上，春季、秋季就可以到山上去收取蚕茧，织成柞丝绸。东北三省，柞蚕丝业比较发达。因为东北地区的气候很适宜于柞树、柘树的生长，在放养季节雨量较少，天气适宜。所以，柞蚕生长很快，繁殖量大，柞蚕丝的产量当然也很可观，织成的柞丝绸产品行销海内外。

柞蚕丝在野蚕纤维中是一种较好的纤维。在显微镜下可以看到：柞蚕丝是由两根特别扁平的单丝组成，纤维内部有无数气孔，愈靠近纤维中心气孔愈大。柞蚕丝的强度是天然纤维（棉麻毛丝）中比较好的一种，干湿强度都比桑蚕丝高，耐日光性能比桑蚕丝强得多。一般桑蚕丝织品在日光下曝晒100小时，强度就会下降24%左右，而柞蚕丝绸曝晒200小时以上时强度才下降20%左右。柞蚕丝的耐酸碱能力也比桑蚕丝强。就上面几点来看，柞蚕丝绸比桑蚕丝绸坚牢耐穿。

柞丝绸过去大都是手工织制，现在已改为电力机生产，品种也比较繁多，花色也向绚丽多彩的方向发展，如辽宁用花线织制的“千山绸”，以及色织的“星海绸”多畅销国外。有的织品经细纬粗，而且纬丝粘度较小，因而绸面略现闪光，与柞蚕丝浅米黄的本色相互辉映，显得素雅而大方。近年来，用柞丝和麻、毛等合纤织品做高档的西装面料和睡衣流行国际。

柞丝绸虽然比桑丝绸坚牢耐穿，但从织品的光泽、色泽、柔软、细腻和光洁等方面来看，却远不及桑丝绸。而且，穿着柞丝绸服装，如果局部遇到

柞丝绸

水滴后，就会在绸面上出现水渍印。为什么会产生水渍印呢？这与柞蚕丝纤维的结构形态有关。柞蚕丝纤维的横截面比较扁平，同时具有强吸湿性和卷缩性等特征。当织品局部遇水滴后，纤维因吸湿膨胀，而改变了单纤维在纤维束或织品中的排列角度，当光线照射到绸面上时，就会形成反射上的差异，而成水渍印。因此，当柞丝绸遇到水滴，而形成水渍印时，只需把服装全部浸入清水中，让整件服装的纤维浸渍吸湿后重新排列，局部的水渍印就会消失。如果不重新下水洗，穿着时间长了，水渍印也会随之逐步减轻。值得一提的是，经过树脂整理后的柞丝绸，就不会出现这种现象了。

柞蚕丝耐酸耐碱性能较强，是制作工业用滤材和劳动保护用品的好材料。辽宁丹东丝绸二厂研究、试制成功了带电作业的柞丝“均压服”，经鉴定和数年的试用，效果良好，已经国家电力部门决定，在全国推广使用。

第三编　精湛绝伦的丝绸技艺

中国是丝绸的发源地，当人们一见到五光十色的丝绸时，总不免在心底生出一个疑问：这样的丝绸精品，在那遥远的古代，究竟是怎样生产出来的呢？其实，在所有的纺织品生产中，丝绸生产是最复杂的，从桑蚕、缫丝、丝织，到漂练、印染，这每一道工序都不得马虎，这也是我国古代劳动人民对世界文明和纺织技术的一项重大贡献。

一、蚕桑技艺

1. 夏、商、周三代的蚕桑技艺

要得到美丽的丝绸，首先必须要有丝绸原料——蚕丝，而要得到蚕丝，必须会养蚕，养好蚕。那么，我们的祖先是在什么时候学会养蚕的呢？又在漫长的历史上发明了哪些养蚕技术呢？

大约在7000年前，我们的祖先就已经发现了蚕茧可以利用。那时，利用的是长在树上的野桑蚕茧。

将野桑蚕驯养为家蚕，经历了漫长的历史岁月。我国究竟从何时开始饲养家蚕，确切日期已无法查考，但至迟在5000年前，蚕的家养时代已经开始。浙江钱山漾遗址（新石器时代遗址）出土的丝带和绢片，经鉴定，确认出自家蚕蛾科。把野桑蚕驯化为家蚕，是我们祖先的一大光辉创造，开辟了人类利用绢丝原料以做被服的全新的途径，我国是世界上养蚕最早的国家。

到了夏、商、周三代，我国已经逐渐形成和发展出一套栽桑技术和养蚕方法。

要养蚕必要栽桑，因为家蚕靠吃桑叶成长，育蚕与栽桑技术不可分割。先拿栽桑来说，我国夏代就懂得了一定的技术，成书于夏代的农书《夏小正》就有对桑树进行修剪和整枝工作的记载。到了西周时，人们又认识到桑树适宜种植在高燥的地方，如《诗经》中有这样的诗句——“南山有桑”和“无逾我墙，无折我树桑”。“南山”的“山”，是指山坡。“无逾我墙，无折我树桑”，这是指住宅里的桑树，而古时住宅多选取高地。这时，人们还懂得利用撒籽播种来繁殖桑树。对于修整桑条技术，西周以后说得更清楚了，如《诗经 · 七

桑叶

月》里的诗句："蚕月条桑，取彼斧斤，以伐远扬，猗彼女桑。"三月里修桑条，拿起砍柴刀，太长的枝儿全砍掉，拉着嫩枝儿扎扎牢。

从养蚕方面说，夏、商、周都集中在阴历三月份养一季春蚕。我国养蚕最早的记载也是《夏小正》："妾子始蚕。"当时严格禁止饲养夏蚕，即"禁夏蚕"，这大概是为了保证蚕丝质量的缘故，因为春蚕的丝质比夏蚕好。养蚕又必须把蚕养好，防止蚕病。据春秋战国时期的《管子·山权数》记载，政府要在民间物色能防治蚕病的人，并用重赏聘他传授经验。这说明那时已有能治蚕病的人。又据《礼记·祭义》记载，春秋战国时，人们已经懂得了蚕卵的清洁。当时发蛾产卵，是置于专设的布帛之上，孵化前，还要把蚕种拿到流水中去冲洗，以消除上面的病菌，然后才发蛾。这是我国最早关于浴蚕的文字记载，距今已有 2000 多年的历史。

在蚕的饲育方面，春秋战国时已经懂得要喂鲜嫩的桑叶，如《诗经·七月》："春日载阳，有鸣仓庚。女执懿筐，遵彼微行，爰求柔桑。"同时，也懂得了不喂带雨露的桑叶，如一定要喂就必须用风吹干后再喂。

对于蚕室、蚕具，这时都有严格的要求。如要用烟熏的办法来对蚕室进行消毒，还必须在不受高温和高湿的室内养蚕。同时，要防止闲杂人出入蚕室，以免影响卫生状况，要有专门盛放蚕蛾和蚕儿的容器，等等。

以上这一套养蚕办法做起来似乎有点繁琐，但却是长期生产经验的结晶。我国自夏、商、周以来两三千年，一直沿袭并发展着这些经验。

对于我国养蚕经验，最早做出系统的理论概括的是2300多年以前荀况的《蚕赋》。

荀况是战国时著名的思想家，他写《蚕赋》可能是为了抒发他自己的政见和哲理，但却给我们留下了宝贵的养蚕经验，让我们从《蚕赋》的某些文句看荀况的描述吧！

“屡化如神，功被天下”——这是记述蚕的变态。蚕是完全变态昆虫，一生要经历三次变化，即卵化蚕、蚕化蛹和蛹化蛾。每次“化”都以不同面貌出现，所以叫“屡化如神”。蚕的一生有大贡献于人类，确实是“功被天下”。

“弃其耆老，收其后世”——这指的是蚕蛾交尾后产下卵，人们就把将死的蛾子丢弃，而把蚕卵收藏起来，以待来年再养。

“善壮而拙老者与？有父母而无牝牡者与”——荀况在这里用发问的方式提出蚕业方面十分重要的问题：既然蚕是靠父母所生，难道蚕的本身就无雌雄性别之分吗？直到20世纪初，蚕分雌雄才得到科学界的证实，而2300多年以前的《蚕赋》就已经做了肯定的推论。

“冬伏而夏游”——荀况叙述的是一种一化性的柞蚕。这种蚕是四月暖卵，五月化蚕，六月变蛾产卵，卵长期休眠，来年夏季再化。所以荀况描述是“冬伏而夏游”。

“夏生而恶暑，喜湿而恶雨”——这里简明而准确地记录了蚕在生长期，尤其是大蚕期的生理要求，怕高温，因为高温不利蚕的生长发育，蚕容易得病。另外，蚕的生长还需一定的湿度。但是，空气湿度又不能过大，否则蚕体水分难以散发而致使体弱多病。

“食桑而吐丝，前乱而后治”——这里记录了蚕儿吐丝结茧的规律，无头是乱丝，而后才是整齐而有规律的好丝。这个观察也相当准确。

由以上可见，《蚕赋》把养蚕经验理论化、系统化了，为后世养蚕业留下了宝贵的遗产。

值得一提的是，在此时西方没有一个人看到过蚕的形状，蚕对他们还具有神秘的色彩。

2. 秦汉及以后的蚕桑技艺

秦汉时期，我国栽桑养蚕技术有进一步发展。我国最早的一部农书——西汉《氾胜之书》具体记述了桑树的栽培方法。由于桑树修整技术不断提高，因此，树形也不断变化，由原来的自然形变化成高干、中干和低干三种。修剪形式也由“无拳式”发展到“有拳式”。桑树的修枝整形是我国古代劳动人民的独特创造，它可以提高桑叶的产量，以满足多养蚕的需要。

西汉初，我国已有二化蚕出现。《淮南子·泰族训》上说：“原蚕一岁再登”，就是一年养两次蚕。《四民月令》记载了“浴种”防病和整治蚕室、防风保温等技术措施。

东汉人王充最早在他的《论衡》一书中提出重视桑树害虫——天牛幼虫、尺蠖、果蠃等的防治，并且进一步叙述了蚕的生活变态，调查了蚕茧的出丝情况，提出以出丝多少来衡量蚕茧质量好坏的办法。这在近 2000 年前的古代不能不说是一大创举。直到现代，世界各国仍然重视以出丝率多寡来区分蚕茧质量。

仲长统在《昌言》中说：“钧之蚕也，寒而饿之则引日多，温而饱之则引日少。”这说明在汉代，我国人民已经认识到蚕龄长短与饲育温度和饱食有重要的关系。

魏晋南北朝时期，我国蚕桑技术有更大的发展。北魏时期的贾思勰著有著名的《齐民要术》一书，对养蚕栽桑的技术都有重要记载。

《齐民要术》记载并推广了压条法繁殖桑树，说：“大都种椹长迟，不如压枝之速。”这比西汉氾胜之时是一大进步。《齐民要术》留给我们最重要的经验是在养蚕方面。首先是选种（主要是选茧）技术。贾思勰说：“收取种茧，必居簇中者，近上则丝薄，近下则子不生也。”这在当时是一创举，说明 1400 年前我国人民已经认识到蚕儿上簇营茧的规律。体质强健、成熟齐一的蚕一上簇就找到适当位置（中间位置）吐丝作茧，而那些体质相对差的蚕儿则爬上爬下寻找地方作茧，丝也吐掉一部分，只得结个薄茧。因此，必须从簇中选茧留种，保证下期蚕儿能养好。

其次是制种技术。《齐民要术》记载了在200年前东汉时已出现，现已散失的“永嘉八辈蚕”的经验。永嘉，指浙江温州一带，当时已有一年养八批蚕的事例。这又是一项了不起的创举，是当时世界生物史上最先进的科学技术。不仅要使蚕养得好，而且要使蚕养得多，连续不断地养，用什么办法来达到延缓蚕卵孵化并使之当年增加世代的目的呢？《齐民要术》告诉我们，将蚕卵置于小口坛内，放在室外树阴下的冷水（溪流或泉水）中，使之降温，待21天这批蚕卵孵化后，当年又可再饲养。如此循环，一年可养八个世代。这个成果出现时间之早实在使人惊异。20世纪30年代，中外学者对蚕的化性和低温催青一套办法研究的成果，原则上都没能超过1400年前“永嘉八辈蚕”的范围。

晋代的杨泉也写了一篇《蚕赋》，记述了成套的养蚕技术经验：养蚕开始要调节室温；让有经验的人把蚕种拿进蚕室进行暖种，孵化；在清明后，谷雨时采摘嫩桑切成细丝状来喂养幼蚕；大蚕喂桑叶要干湿度适宜；观察到蚕吃叶似龙腾，休眠似虎跌时就可判断蚕是健壮的；外界环境即光线强弱明暗对蚕的饲养影响颇大，需要选择蚕室的坐落方向，等等。杨泉的《蚕赋》无疑也是一份养蚕技术的宝贵遗产。它说明在1500多年以前，我国劳动人民对养蚕已积累了丰富的成套经验。

这里还值得指出，在南北朝以前，欧美没有哪一个国家养过桑蚕。

隋唐时期，我国蚕桑技术没有大的建树。到了宋元，蚕桑技术又有创新。从北宋开始，我国南方蚕农发展了桑苗嫁接的先进技术。这对旧桑树的复壮更新、保证桑树优良性状、加速桑苗的繁殖、培育优良品种都有重要意义。在养蚕方面，这时浴种、选种并举，从不同的途径形成一套良种繁殖生产顺序。选种不仅要选蛾，还要选卵、选蚕。浴种已成为常规操作程序，不仅在养蚕前浴种，而且自当年收种到来年饲养前要经三四次洗浴。选种和浴种的目的都是为了选留良种，提高种质。南宋的《陈旉农书》记述了浴种新经验——卵种要经“雪压”或用朱砂水卵面消毒，预防蚕病——红、白僵蚕发生的原因，并提出防治的措施，又第一次记载了用茅草做簇具的经验。《士农必用》一书提出用快要落叶的桑叶捣磨成面能治蚕热病的办法。同时，总结出幼蚕时室温需暖些，大蚕时室温需凉些的好经验。而元朝初年的《农桑辑要》一书总结出养蚕十大关键，并提出利用日光消毒的经验，其办法是将蛋座底箔铺设两领，一领使用，一领撤出让日光曝晒，然后再交替。《王桢农书》也总结了许多蚕桑好经验。

宋应星著的《天工开物》

明清时代，我国蚕桑技术又有新的发展。这时我国劳动人民对蚕的脓病、软化病、僵病等已经有了认识，并且创造、采用淘汰或隔离的办法，防止蚕病的传染蔓延。徐光启的《农政全书》和宋应星著的《天工开物》，总结了养蚕的新经验，把我们古代养蚕技术推向高峰。

关于养蚕，《天工开物》总结出三种浴种方法，即天露浴、盐卤浴和石灰浴。它说：“湖州多用天露浴和石灰浴，嘉兴则多用盐卤浴。”这三种浴种方法除天露浴是古老经验外，其余两种都是新经验。而这种新经验除《天工开物》外，尚未见其他农书收辑过。《天工开物》还总结了不同茧色交配，出现杂种优势的经验。书中说“若将白雄配黄雌，则其嗣变成褐茧”，“今寒家有将早雄配晚雌者，幻出嘉种”。这种利用家蚕杂交培育新品种的纪录据说比法国人比尔兹比斯雅还要早两个世纪。不仅如此，《天工开物》还记载我国培育出了一种多丝量品种——它起名叫“贱蚕”，说它“得丝偏多”。宋应星从这些经验里得出一个理论性的结论——“一异也”，即物种变异。

我国古代蚕桑技术光辉灿烂，经久不衰，可以说是一座重要的宝库。从这些丰富的经验里，我们自然明白了为什么在绵延数千年的历史上，我国会提供越来越多的蚕茧供人们缫织印染，美化人类的生活！

二、缫丝技艺

1. 原始的缫丝技术

“剪不断，理还乱，是离愁。别是一番滋味在心头！”这是南唐后主李煜留恋往昔繁华生活写下的伤心词句。那难以排解的离愁，恰似一团既无形，又无头的丝缕，剪不断，理还乱。

当每条白白胖胖的蚕经过20多天的精心饲养，都会结成粒粒洁白的蚕茧。有了蚕茧，才有了最初的丝绸原料。可是，要使有形、有头的蚕茧“理不乱”，从而变成细长的绵绵丝缕，却并非易事，需要依靠高超的缫丝技术。

让我们先从蚕儿吐丝作茧谈起吧！

蚕熟了，它就要吐丝了。它寻找好了营茧位置后就摇头晃脑地开始吐丝。但它起初吐出的丝缕极细，强度差，又很乱，不能作缫丝用。但这些丝缕都是蚕结茧所必需的。因为蚕需要靠这些乱丝来固着自己的身体。这一层乱丝叫茧衣。待由乱丝做成的茧衣形成茧腔后，蚕儿就开始有规则地吐丝，以“8”字形或“S”形缠绕丝缕。无数的“8”字形或“S”形丝缕形成一层茧层，许多茧层相互重叠形成茧壳，这就是蚕茧的结构。那么，蚕茧这么长的丝，又这样绕来绕去，相互重叠，它不会乱吗？是的，搞得不好自然会乱。有幸的是，每根茧丝外围都天然地裹着一层丝胶，那丝与丝之间和层与层之间都靠这层丝胶轻轻黏合，因此，它不会紊乱。但是，怎样从那乱丝中找出头绪来？又怎样从胶着的丝缕中有条不紊地抽下丝来？还怎样把若干个蚕茧的茧丝合并成既长又匀的丝条？这完整的缫丝技艺在已懂得了蚕茧规律和茧丝性能的现代，当然是不成问题。可是，在那遥远的古代，这却是非同寻常的一项技艺。

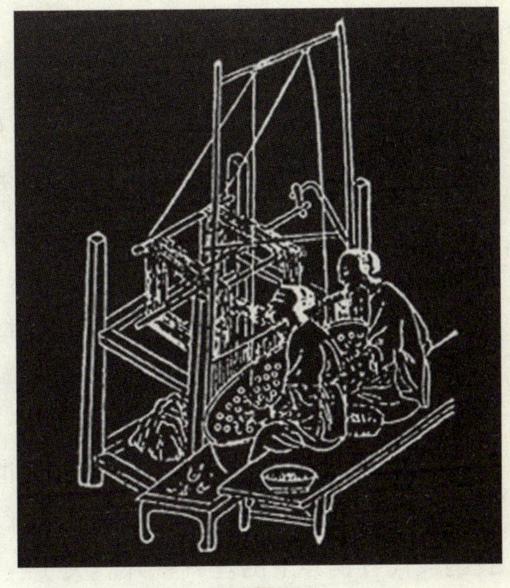
热釜缫丝法

最早人们只知道利用短纤维。那时，人们到野外去采食蚕蛹，可能是先撕掉茧衣，然后把蚕茧放到口中靠唾液和温度来润温和松解，再后就是咬破茧层，吞食蚕蛹。这样，不知不觉就得到了断丝纤维。久而久之，人们逐渐地认识到温水能使蚕茧舒解，丝缕分离，于是就发展形成了我国最原始的缫丝技术。

懂得用热水膨化蚕茧、抽取丝缕，这样的历史在我国至少已有近5000年了。浙江钱山漾遗址出土的绢片，经鉴定经纬条干部很均匀，而且是用长丝织制，由20多粒茧丝缫制而成。这样的生丝显然是用热水抽取的。

缫丝的时间很紧迫。因为茧子摘下以后，不能放很长的时间，七天以后，茧子中的蚕蛹就要孵化为蛾，咬破茧子钻出来。钻破的茧子是无法缫丝的。现在的茧站有大规模的烘茧设备，可将收购来的鲜茧烘干以后保存下来。旧时，蚕农们处理茧子的办法（除鲜茧直接缫丝外），或是盐腌，或是曝晒，或是用炭盆烘烤，还有的就是蒸茧。《齐民要术》指出：“用盐杀茧，易缫而丝韧；日曝死者，虽白而薄脆。”无论是晒茧也罢，烘茧也罢，腌茧也罢，蒸茧也罢，都是缫丝之前，对茧子的处理。

甘肃省至今仍保留较古老的缫丝方法，其做法是这样的：

剥茧衣，把蚕茧上的茧衣剥净，俗称为“滚茧儿”或“扯乱丝”。

蒸茧，根据缫丝蚕茧的多寡，少则以鲜茧直接缫丝，如数量较多，一般都进行蒸茧。蒸茧的温度要适宜，以时间计，于水沸后上笼蒸半小时，无钟表时可以嗅觉来判定，“闻到锭娃肉香了就成了”，如此蒸茧后解舒较为理想。

汤温，汤温的标准，保持锅边泛起小水泡，也即水沸前发出轻微的响声为宜，称之为“雨点子水”。水温近沸时应以瓢、勺加点凉水降温。

2. 缫丝工艺的发展

到了殷商时期，我国的缫丝技术已经有文字可考了。在甲骨文上有“”样的象形字，这分明是用图形表示用四粒以上的蚕茧合并成一根生丝。在青铜器上又有“”（乱）的象形字。这是表示什么呢？这是表示正在缫丝操作。你看，上面一只手从茧子“O”理出头绪，下面又有一只手把茧丝缠绕在中间的丝框“”上，这样就可以将茧丝缫取由乱到治。我国古代也称缫丝叫治丝。特别值得提出的是从以上“”的象形字可知，我国早已发明了缫丝工具。

瑞典纺织专家西尔凡女士早在20世纪30年代就专门研究了现保存在马尔默博物馆的我国殷代青铜器瓮上的丝绸残片和现保存在远东古物博物馆的我国殷代青铜斧上的丝绸残片。关于我国殷代的缫丝技艺，她研究后得出结论说：“……均显示了中国人从殷代以来，在从经过热水或蒸汽浸泡的蚕茧来缫800到1000米以上长丝线方面是十分有技术的。这个方法做起来是吃力的，操作时需要耐心和细心……”

到了周朝，我国的缫丝技艺有了发展。当时的文字记载更清楚。《礼记 · 祭义》篇记载，当时的皇后或贵夫人要亲自缫丝，用手在盛茧（已煮过）的盆里拍三下，以把茧子头绪振出水面。这就是所谓的“夫人三盆手”。《春秋繁露》说：“茧待缫，以涫（沸）汤而后能成丝。”那时，已经懂得缫丝前要选茧和剥茧。选茧是把不好的茧子剔除掉。剥茧是将蚕茧外层不能缫丝的茧衣剥干净。缫丝时如何才能找到头绪呢？据《释名 · 释采帛》记载，当时已懂得“手持小箸（筷子）在盆中搅动，用箸端把丝头挑起”，再将几根丝“绾（系）在一起，使可开缫”。这种用筷子从热水中挑起丝头的操作方法，现在叫作索绪。会不会索绪，能不能迅速地从热水中把丝头找出来，这是缫丝技艺的一个重要问题，否则，就无法抽引出长丝。

周代还有用10粒茧定缫的记载。10根茧丝合并缫成1根生丝，这就要集绪。当时已懂得用手在水中振动索绪后，再用木箸或草茎来集绪。这些原理直到今天仍为我们所应用。

周代缫丝不仅懂得了以上的方法，而且还掌握了煮茧的技艺。煮茧必须掌握水温和浸煮的时间。温度不够，丝胶软化差，抽丝困难，丝缕易断，结果缫出的丝条不匀。反过来，温度过高，丝胶溶解大，最后丝条也不匀，而且茧丝之间粘结差，抱合不紧，影响丝质。这样的技艺当时似已掌握。从1976年陕西贺家村的西周墓出土绢片看，经纬纱每根单丝的条干都均匀光滑，这足以说明它们是在相同温度的热水中缫制出来的。

到了秦汉时期，我国缫丝技艺进一步发展，这时已开始用简单的丝框来缠绕丝缕了。这种丝框大概是从春秋以前的络车发展而来；只是在缫釜之上放个络车，然后再用手直接拨动络车不断回转，使丝条从釜中引出，直接缠绕在丝框上。

隋唐时代，缫丝工具有了新的发展，成形的手摇缫丝车已经为唐代妇女普遍使用。唐诗中描述说："每和烟雨掉（摇）缫车。"诗人看到在阴雨天里，妇女们忙着摇动丝车的劳动场景。

到了宋代，我国的缫车进一步完善起来。这时已有专门产生往复运动的络纹装置（即"添梯"）安装在缫车上。宋代还有脚踏缫丝车发明出来。显然，用脚踏缫车代替手摇，就可以腾出两只手来进行索绪、添绪等动作，生产效率则大大提高。

清《豳风广义》中手摇缫车

元明清时期，我国缫丝技艺更加成熟。缫车有不同形式，出现在大江南北，俗称南缫车与北缫车。在北方，缫丝仍沿用"热釜"的方法，南方缫丝又发明了"冷盆"缫丝法。这种新的缫丝技艺是使煮茧和缫丝，从千百年来的联合作业发展为煮缫分家。它的操作方法是将煮茧锅"另立一旁"，将热水煮好的茧子放到加有温水的盆中再进行缫丝。缫丝的温水比煮茧的热水温度要低，对比之下，故称"冷盆"。为什么要采用冷盆缫丝？这是因为煮茧锅里的水太热，茧子久煮过熟，丝胶容易脱净，丝纤维就变得软弱无力，这样缫出的丝，松软不坚。只有煮茧适度，丝胶膨润恰到好处，然后放进适度的温水中浸泡待缫，这样的丝缕抽引出来仍有丝胶包裹，一经干燥，丝条则坚韧有力。《农桑直说》中说，冷盆比热釜缫出的丝缕“有精神，又坚韧”。为了使缫出的丝条能立即干燥，当时人们采用在缫丝框下放置炭火烘干的办法。宋应星在《天工开物》里总结这种治丝经验为著名的六字诀：“丝美之法有六字，一曰‘出口干’……一曰‘出水干’”。这种煮、缫分业，丝框烘干经验现在仍在应用。

添绪是缫丝工艺的一项技艺，它直接影响到缫丝的质量。添绪就是添丝。缫丝就像搓线，要不断往上添丝。元初的《士农必用》指出，“缫丝之诀，惟在细圆匀紧”。这是经验之谈。明清两代，我国江南一带缫出的湖丝曾经名震中外，这是因为我国劳动人民长期积累了丰富的经验。

三、丝织技艺

1. 从手工编织到织机的运用

养好了蚕结出茧，煮好了茧缫出丝，这只是整个丝绸生产的最初两道工序。要想得到美妙的丝绸，仅仅停留在养蚕和缫丝阶段上还不行，必须进入丝织这道工序。

丝织技艺正像西汉时大文学家司马相如所说的那样："合綦组以成文，列锦绣而为质，一经一纬，一宫一商……"什么叫"一经一纬，一宫一商"？经纬是丝织时纵向和横向的丝线，宫商是我国古代用以表示乐音的两个音阶。司马相如在这里是说，丝织时的经纬交错就像那音阶的协和一样美妙。

是的，必须像创造美妙乐曲那样来精工织绸，否则，再好的茧丝只不过是一堆原料，不能实现其实用价值和审美价值。中国丝绸之所以名传千古，载誉世界，可以说，其丝织技艺的高超是关键。

我国最早的纺织技艺是从编筐席或编发辫中得到启发的。《仓颉篇》说："编，织也。"《说文·系部》说："辫，交织也。"自古以来就有"集纤成纱，织纱成布"之说。道理很简单，要想得到绸，必须把丝织起来。怎么织呢？像编席子一样。可是，编席子用的原料比较粗硬，较好操作。织丝麻可就不那么容易，因为丝麻质地柔软纤细。但是，我们的祖先还是有办法。他们将一根根丝线或麻线依次绑在两根木棍上拉紧，这样，柔软的丝线就动弹不得了；然后依次像编席那样横向再织入一根根丝线；纵为经，横为纬，纵横交错，织物织成。这种原始的织造方法在古代叫作"手经指挂"。所谓"手经指挂"，是说这种编织技术是徒手进行，没有织具，以手或指直接操作。

原始织机示意图

用“手经指挂”来进行编织的技艺，传说是在伏羲氏时代，也就是1万年以前的旧石器时代的后期产生的。当然，这种方法也沿用到新石器时代。这从浙江河姆渡出土的编席和西安半坡遗址出土的编席、有编织物印痕的陶片可以得到证明。

新石器时代，我国的纺织技艺有了很大的发展，这主要体现在出现了原始织机和机织技术。这是世界纺织技术史上非常罕见的事例。《墨子 · 辞过》说：“古之民，未知为衣服，衣皮带茭。”“圣王以为不中人之情，故作诲妇人，治丝麻，捆布绢。”“捆布绢”，就是使用原始织机。“捆”是指使用织机织作时的打纬动作。1975年，浙江河姆渡遗址出土了两件重要木器——卷布棍和打纬刀，属于一种叫作腰机的织作工具，其重要成就是创造性使用了综杆和分经装置，把众多的经纱简单地化为单双数，一次引纬动作就可穿过所有经线形成的梭口。这比“手经指挂”的无织机时代的纺织工效要提高很多倍。

另外，在新石器时代，我国还发明了一种叫作综版式的织机。这从江苏吴县草鞋山出土的公元前4000多年的葛织品残片可看出。这种织机最重要也是最巧妙的地方，就是利用综版起开梭口的作用。综版式织机国外也出现过，那是在400年至600年时的埃及柯普特时代和400年的斯堪的那维亚半岛上，他们称之为卡片织机，其时正当我国的南北朝时期，比我国要晚几千年。

正是因为有了织机，我国的丝麻织物才在那样早的时期就发出了光辉。距今4700年前的钱山漾出土的平纹丝织物——绢片，据鉴定，其和现代生产的一种叫H11153电力纺绸的规格非常接近。

在新石器时代的晚期，我国还出现了罗纹组织的葛、麻织品。罗纹组织在现代的织物组织上，属于高级复杂织物。西方国家只有到了近代才有这类罗纹织物，而我国远在6000年前就有了织罗的技艺，不能不说这是一个奇迹，而这种技艺也自然地应用到了丝织方面来。

2. 织机的革新与发展

到了商周时期，我国的织绸技艺又有了长足的进步。单是丝织物的品种，仅从文献上归纳的就有十几种之多，如帛、缯，素、练、绢（包括纨、缟、纱、绡）、绨、绶、绮、罗、锦等，这些丝织品都有明确的特点和风格，其中的一部分织物及其实名一直沿袭到现代。由此可见3000多年前我国纺织技术上的高度成就。这时的丝绸织物上有了菱形、回纹和畦纹等几何花纹图案，这也是了不起的技艺成就。

要想织出更多品种的织物，或使织物上出现更多不同类型的图案花纹，这就需要高超的技艺。首先是要懂得织物的组织结构决定着织物的花色品种及外观风格。商周时期我国在已有平纹组织基础上通过纱支、密度、捻度、捻向等的变化使平纹组织织物产生变化。这是个很大的进步，创造了众多的织物品种。商周时期，我国还创造了新的织物组织——斜纹组织和复杂组织，为我国古代织物组织的发展变化奠定了基础。过去有人认为中国古代没有斜纹织法，认为中国斜纹织法的纬锦是7世纪末才从西方传过来的。这是一种错误的判断，现在已为大量考古发现所否定。商周的斜纹起花纹绮在出土文物中屡见不鲜。战国楚墓已有纬锦出现，这种技法一直发展到西汉以后。长沙马王堆一号汉墓出土的斜纹织物“千会绦”就是证明。

织造技术的发展需要织机的进步。我国商周时期的织机在原始腰机的基础上得到较大的发展。

《慈母投杼图》

春秋战国时期，我国就有可能出现了带有脚踏装置（古称“蹑”）的纺织机。脚踏提综代替了手工提综，使手能腾出来以引纬，这样必然使织造速度加快，质量提高。这种脚踏织机一直沿传到秦汉时期。我们从汉代出土的画像石——《慈母投杼图》可以看到它的式样。《慈母投杼图》是说的春秋时孔子的学生曾参幼年的故事。曾参的母亲坐在机旁织布，有人进屋报告说曾参杀了人。曾母起初不信，但经不住三番四次的报告，于是误信了。因而，气得她投杼罢织，教训跪在地下的儿子。我们正是从这块珍贵的画像石上看到了汉代带有脚踏板的斜织机的形制。脚踏织机的出现，是我国古代劳动人民一项领先世界的伟大发明。

在脚踏织机出现后不久，人们又在一些小的部件上不断改进，如用打纬刀代替引纬；发明了一把像“大梳子”一样的东西——筘，来控制经面宽窄和边撑，有效地控制了布幅的宽度，随后逐渐代替了打纬刀；后来又被更加灵活的梭（古称“杼”）所代替。至此，脚踏织机已经十分完善。

同样，春秋战国时，我国织物的提花技术有了发展，出现了复杂多变的鸟兽龙凤花纹，如长沙左家塘等地出土了一批战国楚墓丝织品“填花燕纹锦”以及“对龙对凤”等三色动物纹锦。复杂多变的花纹和动物纹锦都要求有更高的织造技艺和更复杂的织机。很显然，这时织机上的提花装置必然由简单变得复杂起来。织物花纹的复杂变化要求技术上的不断进步，使织机及其构造产生相应的变化。

到了汉代，丝织物的花纹设计越来越复杂。我们从马王堆出土的西汉初年的纹绮、纹锦和绒圈锦等提花织物来看，其织制是相当困难的。比如，绒圈锦的总经数有8800~11200根，组织结构相当复杂，要有上千的综束才能织制。试想，如果没有高超的技艺，以及对提花装置的改进，怎么可能办到？事实上，西汉前期有一个叫陈宝光妻的就改进过提花装置。

东汉时我国已有带花楼的织机出现。著名文学家王逸在《机妇赋》中描述过这种提花机的构造是“高楼双峙”，织制时挽花工高坐在离地一丈有余的花楼上，俯视由千丝万缕组成的平整而光亮的经面，好比“下临清池”；那已经织制在经面上的花纹图案，则好比池底花草卵石；而挽花工按图牵动练束，练束带动下面连着的竹棍相应运动，加以飞梭穿回不停，就犹如“游鱼衔饵”；提牵不同的经丝，有屈有伸，从侧面看“宛若星图，屈伸推移”。这是一幅汉代绝妙的帆织图，我们似乎从中听到了那悠扬盈耳的宫商之声。

我国的提花机在三国时由马钧又做了改进和简化，再经过唐、宋几代改进提高，逐渐完善而定型。宋代楼俦绘有堪称世界第一的大型提花机的《耕织图》。我们从图上可看到它有双经轴和十片综，其织造方式与东汉王逸《机

《耕织图》上的宋代提花机

妇赋》的描述十分相似。在织物组织上，宋代又出现缎纹组织。至此，织造上的三原组织——平纹、斜纹、缎纹都已具备。到了元代，薛景石又对几种织机进行规范和改革。著名的纺织革新家黄道婆把丝织提花机用于棉织，取得很大成就。明代宋应星《天工开物》上记载了我国目前已知的最具体完整的古代提花机形制。值得提出的是，我国古代长时期发展的提花机直至明代一直处于世界的领先地位。而我国提花机使用的高超的挑花结本原理，又为近现代穿孔纹版和电脑控制提花提供了借鉴。

四、精练技艺

1. 出土丝绸的证明

“择茧缫丝清水煮，拣丝练线红蓝染；染为红线红于蓝。”这是我国唐代著名诗人白居易在《红线毯》中写的诗句。它说明了丝绸在经过养蚕、缫丝以后还必须要进行练丝、染色等工艺过程。

丝绸并不是一开始就那么柔美的。要想使丝绸柔美，必先进行一项技术处理——精练。我们在叙述缫丝技艺时曾经简单介绍过茧丝的基本结构——洁白而柔软的丝素外面裹着一层微黄的丝胶。这种丝胶虽然在缫丝时经沸水蒸煮而脱掉一部分，但大部分还粘附在丝素上没有清除。就是这种丝胶使生丝或坯绸（用生丝织成的绸）显得僵硬而不优美。所以，必须将生丝或坯绸进行精练处理，使它本来的种种优美特性显现出来，然后再进行染色等加工。现代工艺认为精练是提高丝绸品质的关键。

那么，我们中国人究竟是何时对丝绸精练有了认识，又是用怎样的技艺来加工丝绸的呢？具体而详细的过程已经很难考察，但最早我们可以追溯到殷商时期。

陕西省岐山县贺家村墓地西周墓出土的丝织物，给了我们实际考察周代精练技术水平的机会。丝胶的绝大部分是靠精练除去的，缫丝浴中热水的主要作用便是使丝胶软化。蚕吐出的丝纤维截面为三角形，缫丝后，若干个茧的丝依靠丝胶抱合在一起，形成一根生丝。如果经过精练，丝胶除去，蚕丝就分散成为单纤状态。因此，粘连情况的消失程度相对而言代表了精练脱胶的程度。从岐山西周墓出土丝织物截面照片上，可以看出丝纤维基本上是均匀分布的，证明是已经经过精练的，技术上已经达到相当高的水平。

战国时代的丝织品

关于周代晚期的精练工艺，由于发掘文物比较多，情况更清楚一些。日本学者曾对我国战国时代楚国丝织品的精练程度做了研究，其中包括举世闻名的帛书。从试验的结果中，发现不同用途的织物精练程度不一。例如，帽带、竹器上的带子、剑柄上的编结带等没有经过精练，这大概和后世的带子、编结物、琴弦一样，为了保持丝纤维的强度，是不脱胶的。后世的画绢，为了保证它们的强度，大多不进行精练，而楚国帛书看起来精练得不错。至于丝头巾、剑鞘绸，则是经过精练的。精练得最好的是包裹绸。从这里可以大致地估计周代晚期的精练技术水平。当时人们已经掌握了控制精练程度的技巧，按照丝织品的用途和质量要求，施以不同程度的精练。这较之于周代前期，又大大地前进了一步。

2. 精练的图文记载

对精练丝绸及其工艺做详细的文字记载，是在春秋时期的一部叫《周礼》的书上。春秋时把“练丝”叫作“湅丝”。当时的分工很细，设专人来主管“湅丝帛”的工作，并把它当作染色前的一项必要的准备工作。

关于练丝，《考工记》记载：

荒氏湅丝，以涚水沤其丝七日，去地尺暴之。昼暴诸日，夜宿诸井。七日七夜，是谓水湅。

这是我国关于练丝工艺的最早记载，后世经学家对它有许多解释和考证，说法不一。“涚水”，东汉人郑众认为是温水；稍后的郑玄却认为是灰水；我们认为它可能是和了灰汁的温水。“沤”即长时间浸渍。草木灰中含碳酸钾，它的浸出液——灰汁是碱性的，古时用以练丝和洗濯衣服，用量颇大。《周礼》记载，当时有征集草木灰的专职官员。灰水练丝是利用丝胶在碱性溶液里易于水解、溶解的特性，进行脱胶精练。直到现代，极大部分丝的精练还是用碱性药剂。

“去地尺暴之”是日光脱胶漂白工艺。在阳光和空气的作用下，丝胶吸收紫外线，发生氧化作用而降解，部分色素也会分解，而水的存在加速这种分解的速度。上文中，特意注明了暴晒的条件是丝与地面相距1尺，大概是因为地面风速小，日光暴晒时，蚕丝在较长时间里能保持湿润状态，从而加快光化分解作用。

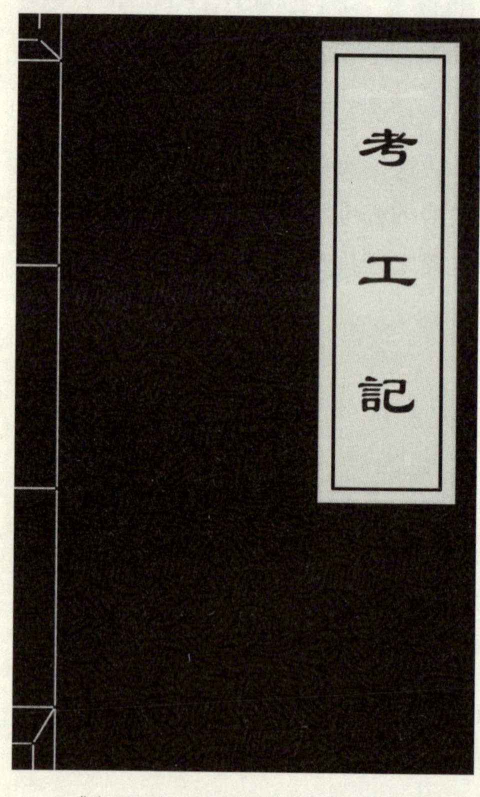

《考工记》中记载有练丝、练绸流程

“昼暴诸日，夜宿诸井，七日七夜，是谓水湅。”这意味着日光暴晒和水浸脱胶交替进行。每天夜里将丝悬挂在井水里，白天光化分解的产物就会溶解到井水里去。在井内浸泡，浴比大，有利于丝胶和其他杂质的溶解。《周礼 · 天官 · 染人》记载“春暴练”，《考工记》又记载“去地尺”，这就相对地说明了暴晒时日光的强度、角度与气温。这样的条件下，根据实际经验定下另一个工艺参数——时间，为七日七夜。

关于练绸，《考工记》记载了另一套操作流程：

湅帛，以栏为灰，渥淳其帛，实诸泽器，淫之以蜃，清其灰而盝（意为过滤）之，而挥之，而沃之，而盝之，而涂之，而宿之。明日，沃而盝之，昼暴诸日，夜宿诸井。七日七夜，是谓水湅。

这段记载的释文是：丝绸在浓厚的楝叶灰汁里浸透，放进光滑的容器里，用大量蚌壳灰水浸泡，然后让浸渍液中的污物沉淀下来。丝绸取出脱水，再浇水，再过滤，而后涂上蚌壳灰，静置过夜。第二天再在丝绸上浇水，脱水。然后进行七天七夜的水练。

这一套繁复的过程，贯穿了一个构思——利用丝胶在碱性溶液中有较大的溶解度，先用较浓的碱性溶液（楝灰水）使丝胶充分膨润、溶解，然后用大量较稀的碱液（蜃灰水）把丝胶洗下来。这种灰水练绸的工艺，我国沿用了几千年。

大约是到秦汉时，我国用草木灰堆沤练丝绸结合使用一种砧杵工具来振捣的办法，使丝绸的脱胶速度加快，提高了工作效率。

汉代的著作《释名》记载："练，烂也，煮使委烂也。"这说明到了汉代，我国精练丝绸已经从温水浸泡发展到用热水煮练的方法。这是练丝技艺的一个进展。因为增加温度可使化学反应加速，以提高练丝工效。东汉时有生丝经精练后减少 25% 重量的记载。这十分符合我们现代用科学方法计算出的丝胶占生丝总量四分之一的数据。

魏晋时名画家张墨，曾经画过丝绸脱胶的《捣练图》。

唐代著名的人物画家兼风俗画家张萱也画了一幅《捣练图》（现传世的是宋徽宗摹本，藏于美国波士顿美术博物馆）。画中两名贵族妇女各手执一根两头粗中间细的木杵，站立在石砧的两面，"叮咚叮咚"地震捣着洁白的素练。另外两名妇女一人已手拿木杵，另一人挽袖作拿杵状，站立在石砧的另两面准备替换那两名正在捣练的妇女。画面写实性强，向我们展示了唐代妇女捣练的生动场景，以及捣练所使用的工具的形制。

从宋代以后，我国练绸震捣又发展到由站立执杵改为对坐双杵，使练绸脱胶效率更加提高。这种情况在元代《王桢农书》中已有图文并茂的记载。

除了两幅捣练图（一幅为妇女对站单杵捣练图，另一幅为妇女对坐双杵捣练图）外，还有文字记载。王桢还引魏璀的赋："细腰杵兮木一枝，女郎砧兮石五彩……夜有露兮秋有风，杵有声兮衣可缝。"生动而形象，绘声而绘色地把宋元时期妇女捣练的场景活脱脱地描述了出来。这里还应当说明的

张萱画的《捣练图》

是，这种捣练的方法开了后世捶丝工艺的先河。

到了明代，我国练丝工艺有了大的发展，在练丝原料上有了突破，采用猪胰液和乌梅汁练丝，这在宋应星的《天工开物》卷二《乃服 · 熟练》上有明确记载。这种用猪胰液练出来的丝，光泽肥亮柔和，手感特别柔软，相较单纯用碱剂练丝有它独到的好处。从《天工开物》予以记载到现在，大约已经有 300 多年的历史了。而西方近代研究动物胰脏的酶学，从 18 世纪末期才开始，直到 1912 年，才有胰淀粉酶商品供应市场。1931 年，美国学者才用胰酶对生丝的脱胶研究提出论据。而我国用猪胰液练丝绸的办法一直沿用到近代。

五、印染技艺

1. 印染技艺的第一个高峰

手持一条彩绸在天际凌空飞舞，恰似那雨后长虹，映照出变化多端的色彩——赤、橙、黄、绿、青、蓝、紫，这是多么美丽动人的景象啊！那么，这条夺目的彩练在我国古老的大地上是怎样幻化出来的呢？

丝绸经过精练后只是白色的，如果没有色彩处理，就没有万紫千红、争春斗艳的情景，就没有五光十色、互相映衬和对比，全是一色缟素，那怎会使人赏心悦目呢？即使你有再高超的织造工艺，也很难在绸面上清晰地将花纹图案显现出来。事实上，织造与印染是在相辅相成中发展的。中国丝绸之所以很早便为世界所倾倒，其中除古代桑蚕、缫丝、丝织和精练技艺高超外，彩色印染技艺水平之高也为世界所叹服。

人类在创造自己的物质生活资料的同时，总是伴随着创造审美价值。中国人对色彩的最初认识，可以上溯到10万年前旧石器时代的山顶洞人时期。当时的山顶洞人就懂得用矿物颜料——赤铁矿研磨成粉状把装饰品涂抹成红色。

到了新石器时代，中华民族的祖先对染色及其技术，对色彩的认识都有了发展。距今五六千年以前，居住在黄河流域的部落已经能将麻布染成鲜艳的朱红色。新石器时代末期，青海柴达木盆地诺木洪地区的部落，也已把毛线染成黄色、红色、褐色和蓝色，并将毛线织出带有彩色条纹的毛布。那时，人们除了认识红色的赭石以外，还认识红色的朱砂，黄色的石黄和绿色的天然铜矿石等，同时也对不少植物颜料有了认识。这一切都给缤纷的丝绸印染奠定了基础。

朱砂

商周时期是我国丝绸印染技艺发展的第一个高峰。就色彩来说，五彩缤纷；就技艺来说，办法众多，开创了后世印染技艺的先河。

先谈矿物原料。现在已发现的染色丝绸或花纹丝绸，最早的是在3000多年以前的殷商时期，那是河南安阳出土的大贵族殉葬的马车上覆盖的朱红布帛。到了周朝，丝绸印染的红色就清楚了，如北京琉璃河西周墓葬出土铜器织物印痕，以及陕西宝鸡茹家庄西周墓出土丝织物的红色至今仍很鲜明。从染料来源看，上述织物的红色用的是朱砂。朱砂颜料的提取是要有一定的技术的，它上层发黄，下层偏暗，只有中层红色最好。而茹家庄出土的丝织品恰为朱红，这说明当时已掌握了朱砂的制造技术。

矿物颜料当时已发现和使用的还有空青（绿色），亦称孔雀石和石绿，以及石奇（蓝色）。当时使用矿物颜料都是研磨后调水浸染。

植物染料在周以前已开始应用，但到周朝，品种数量已有相当规模，应用也很普遍。从色彩上来区分，就有靛蓝、赤红、紫色、绿色和黑色多种。出蓝色的叫蓼蓝，那时已开始种植，并已摸清它的生长习性。出红色的叫茜草，是商周时的主要染红颜料。当时的郑国（建国于陕西华县，后迁都河南新郑）在这一带普遍种植。出紫色的叫紫草（现称茈草）。出黑色的是柞树子，名为皂斗，是古代主要的染黑颜料。我们从《诗经》里可以看到当时用这些植物染料染色的美丽情景。

其一，《郑风·出其东门》：

出其东门，有女如云。虽则如云，匪我思存。缟衣綦巾，聊乐我员。（东门外的少女似白云，白云也不能勾动我的心，身着白绸衣和绿佩巾的姑娘呀，只有你才钟我的情。）

出其闉阇，有女如荼。虽则如荼，匪我思且。缟衣茹藘，聊可与娱。（瓮城外的少女像白茅花，白茅花再好我也不爱她。那身穿白绸衫和红裙子的姑娘呀，只有你才可娱可爱。）

其二，《小雅·采绿》：

终朝采绿，不盈一匊。（从早到晚采摘绿草，采得一捧还不满。）

终朝采蓝，不盈一襜。（从早到晚采摘蓝草，兜起衣裳盛不满。）

要使用这些植物染料，不仅要了解它的色彩，而且要有染色技艺。当时是采用新鲜植物体染色工艺，往往要及时采摘，尽快浸染，否则，植物色素在植物体内难以保存。比如染蓝，必在6月至7月前采蓝并及时用温水缦渍后再染，晾晒后即得蓝。除蓝色以外，茜草根要在5月至9月挖掘。其他各色都要在秋季采摘。这些颜色的印染还要加媒染剂助染，这在当时已掌握。红色要加铅盐媒染剂。据《诗经》记载，茜草既可染绛，也可染赤，这说明那时已懂得用不同的媒染剂。周朝尚红，红色染料用量大，茜草使用技艺当更成熟。紫色也须加媒染剂。春秋时，齐桓公好穿紫，因此，齐国全国皆穿紫。那时，用五匹素绸换不得一匹紫绸。绿色，要加铜盐为媒染剂。黑色，要加绿矾，古时称“涅”，是含硫酸亚铁的矿石。

在植物染料的染色方法上，当时已使用多次浸染法。一种是一色多次浸染，另一种是多色套染。

就这样，我国商周时代织物的色谱相当丰富，其中尤以丝织物为最，如红、绿、紫、绀（微带红的黑色）、绯、缁（黑）、缇（橘红）等。

商周时除将丝织物织后浸染以外，还应用染后再织的工艺方法，即将丝束先染色而后织造，形成花纹。

制取靛蓝的蓝草

“画缋（绘）”，也是商周时出现的染色工艺，它开了后世印花技术之先声。周天子喜欢穿有画缋的服装，当时画缋图案复杂，色彩丰富。分析一下周代出土的丝绸绣痕，可以看到当时的工艺流程和精湛的技艺——先是将丝绸用植物染料浸成一色，然后再用另一色丝线绣花，再用矿物颜料画缋。画缋用的矿物颜料——朱砂、石黄先研细，后调成稠液（可能再加淀粉或动植物胶为增稠剂），再把草染地色覆盖起来，使之出现既不渗化花纹，又使边缘清晰锐利的效果。

商周时已有凸版印花文绮丝绸出现。它的图案花纹与从河南、陕西等地发掘的新石器时代的印纹陶器上的一致。

从颜色的种类来讲，这时更加众多。光是红色就有六七种。而发展得最快的是蓝色。一般老百姓穿蓝布，新兴地主穿蓝绸。因此，种蓝草的人多。蓝色作坊开遍了战国时代的各个国家。此时已懂得用酒糟发酵的办法来制造靛蓝，无需抢季节割蓝草染色了。

2. 印染技艺的第二个高峰

秦汉时期是我国丝绸印染技艺发展的另一个高峰。这时，色彩种类更多，印染办法愈加丰富。

秦汉时，矿物颜料使用还很盛行，如四川一个叫清的寡妇曾靠丈夫生前开采丹砂成为巨富。秦始皇筑“怀清台”来纪念她。《史记》记载，四川出产的丹砂通过千里栈道运到各地出卖，由此可见使用之盛。

秦始皇尚黑，西汉初期也尚黑。汉文帝刘恒常“身衣弋绨（黑绸）”。这样就促使染黑工艺得到发展。到了东汉末年出现了用人造“铁浆”代替青矾做媒染剂等新方法，染出的黑布帛乌油发亮，还不损伤织物。

秦汉之际，植物色素的提纯和储存技术问题逐渐得到解决。西汉时的张骞从西域带回了红花种子。这样，红花的生产大量发展起来，逐渐压倒了茜草。秦汉时的染蓝工艺技术已相当成熟。从长沙马王堆一号汉墓出土的一块青罗测定，它用的天然靛蓝和目前已知的靛蓝完全一致。

长沙马王堆汉墓是汉朝丝绸色彩的宝库，计有朱红、绛、紫、墨绿、黄绿、深浅褐、深浅棕、中黄、深蓝、宝蓝、浅蓝、银灰、黑、白，外加金色和银色等等。

汉朝的织锦，色彩浓厚庄丽，常常用大红、朱红、橘黄、中黄、深绿、粉绿、深蓝等色交织成人物、禽兽、山云、花草，艺术水平很高。

古代染色图（局部）

西汉时对朱砂的炼制和使用，都有相当高的技术水平。马王堆一号汉墓出土的一件朱红色菱纹罗做的丝绵袍，是用涂刮方法将朱砂染上去的，朱砂颗粒均匀，色泽鲜艳。

西汉的凸纹版印花已有相当水平。长沙马王堆出土的印花敷彩纱和金银色印花纱是用印花与绘画结合的方法制造的。有一件印花敷彩纱，画面上的藤蔓地纹清晰，线条光滑有力，体现了凸纹版印花的效果。花、花蕊、叶和蓓蕾都用手工描绘，活泼流畅，细致入微。其色彩主要用的是矿物颜料——朱砂、铅白、绢云母和炭黑。从织物有的孔眼被堵塞来看，表明已采用某种干性油类做胶粘剂来调制颜料。这种色浆既能流动，但又不渗过织物，充分说明当时我国人民已相当成功地掌握了印染涂料配制技术。

至于金银色印花纱则是用三块凸纹版套印的。手工套印的定位技术一般说也是比较高的。

秦汉时已有镂空版印花技术，那时称为“夹缬”染。《说郛》引《二仪实录》说：“夹缬秦汉始有之。”同样，蜡染最迟在秦汉时期也有了。《贵州通志》记载：“用蜡绘花于布而染之，既去蜡，则花纹如绘。”不过，汉朝的蜡染花布色彩单纯，一色的蓝地白花。

三国两晋时，南京以染黑丝绸而著称。南京市东南角有一条街叫乌衣巷，因先后居住在这里的吴国士兵和东晋贵族都穿黑绸衣而得名。南京的黑绸直到新中国成立后还驰名中外。在印染方面，无论是蜡染，还是彩印，晋朝都能用10种颜色。

南北朝时种红花的人很多，称为“真红”，尤以“凉州（今甘肃武威）绯色为天下最”。

到了隋唐，丝绸印染再次步入高峰。这时的成果主要不在于发现色彩颜料，而是表现在色彩应用和印染方法上更加艺术化了。从设色来说，唐朝基本用红、黄、青三原色，同时还讲究用间色和再间色，使色彩显得有层次。印花方法也多种多样，各种方法都有发展。手工描绘花纹的办法在衣着织物方面已很少见。

夹缬印染在隋唐都受重视。隋炀帝曾命令工匠加工五色夹缬花罗裙数百件赐给宫女和百官的母妻。唐玄宗的妃子柳婕妤之妹，要工匠“镂版为杂花象”，染五彩帛“献王皇后”。唐代军服也用夹缬印花。当时还出现了用镂空版加筛网的印花方法，解决了印刷封闭圆圈的困难。我国西北地区曾发现不少唐朝用夹缬印染的布、帛。日本正仓院也保存有唐朝的五彩夹缬纱罗，巨幅夹缬的“花树对鹿”“花树对鸟”屏风和夹缬绸绢制成的屏风套等。

蓝夹缬图案

绞缬印染这时应用到高级的丝织品上来，称为“撮晕缬”。这种印染在唐代十分流行。妇女们都喜欢穿“青碧缬衣裙”，着“平头小花草履”。这种服饰我们在唐三彩中还可以看到。同时，从唐朝罗绮名画家周昉画的《簪花仕女图》和敦煌千佛洞唐朝壁画上女供养人的衣裙上，都能看到这种晕色的团花花纹。

唐代的凸纹版印花纱曾在新疆出土过，图案花纹清晰细致。

唐代绫锦刺绣花纹和织锦花纹的色彩，常用“退晕”办法，把每一种色部分成两三个深浅层次，由深到浅，由浅到白，逐层减退，退到白色以后，再和别的颜色连接，以表现花纹的立体感，用这种办法织出“大绷锦”。同时，唐代用金银两色在绫罗上描花和刺绣也很盛行。

唐代全国都种红花，尤以四川产量最多，所以当时“蜀红锦”驰名天下。

宋元时期丝绸印染继承唐代而有所发展，染色、配色越来越讲究。宋代织锦色彩花纹更加复杂、绚丽。“天水碧”和“黝紫”是当时的流行色。一部叫《碎金》的儿童读物的《彩色篇》专谈宋元彩色名称，其中所举红色 9 种，青绿 10 种，褐色 20 种。

明清时用于染色的植物已扩大到几十种，因植物染色牢度好，来源丰富，这比矿物原料强，因而在染色印花加工工艺中，逐渐取代了古老的矿物颜料。

明清的套染技术进一步提高，所染的色谱日益扩大。譬如当时染红的色谱中，就有莲红、桃红、银红、水色红、术红色等不同色光；黄色谱中有赭黄、鹅黄、金黄等。当时绣线用的色谱，就有 88 种色泽，每一色要分多种深浅层次，合计达 745 种！表明当时中国人民不论在选用染料或掌握染色技术上，都已达到纯熟境界！

第四编　揭开丝绸的神秘面纱

丝绸彩缎丰富了人们的服饰材料，美化了人们的生活，促进了文明的发展。在人类历史上，无论是东方人，还是西方人，无论是白种人、黄种人，还是黑种人，也无论是王室贵族、亿万富翁，或平民百姓，没有人不喜爱丝绸，不为它那特有的美丽而倾倒。但是，你可曾想过，这其间的奥妙究竟何在？丝绸当中到底蕴藏着什么样的秘密？

一、环保柔韧的丝纤维

丝绸作用很多，但主要还是作为被服以发挥它的服用功能。作为一种纤维，她和其他“兄弟姐妹”——葛纤维、麻纤维、毛纤维、棉纤维以及化学纤维，共同满足了人类衣着的需求。但是，他们各自出世早晚不同，生产条件各异，品格质量又有差别。那么，丝绸在纤维家族中处于一个什么样的地位呢？她能长命百岁、万世流传吗？

我们还是循着人类利用纤维的历史来观察他们各自的优缺点吧！

中国人民早在新石器时代就发现并利用纤维，以织布遮体。首先利用的是葛，葛纤维织出的布穿起来凉爽离体，一直发展到西汉年间，葛布仍很流行。但葛纤维的生产对气候和土质要求较高，种植又多限于山区，生长缓慢，加工困难。隋唐以后，葛纤维逐渐被麻所代替。明清以后，葛纤维销声匿迹了。

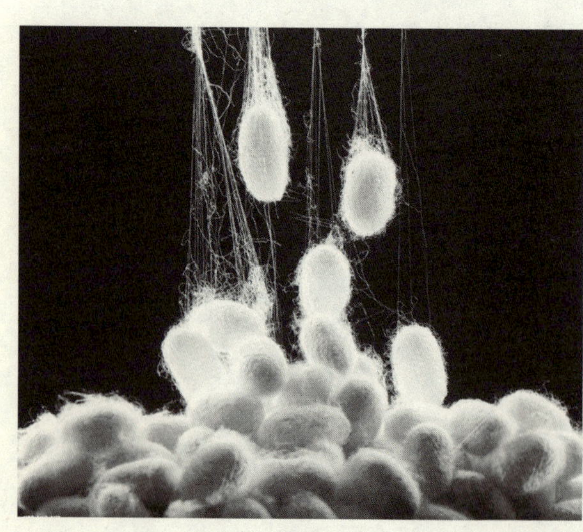
蚕丝

麻分苎麻和大麻。苎麻的纤维可织夏布，挺括透气。据载，战国时，生产苎麻一年可割三次，因此，得到大面积推广。从东汉到三国，苎麻被广泛种植。到了两晋至隋唐，苎麻继续发展。从江南民间广泛流行的白苎舞——穿用苎麻纤维织成的薄纱长袖舞衣来跳舞——就可想见它生产和利用的一斑。但苎麻加工麻烦，南宋以后，它不再是上层人士衣着多用的材料。另一方面，广大民众穿不起苎麻织品者，就利用大麻纤维织布做粗衣。它是我国古代平民百姓用以御寒的主要原料。因为大麻种植、加工远比葛、苎（麻）简便，产量又高。可是，大麻的弱点是纤维短、含木质素多，较粗硬，纺纱性能差。后来，人们放弃用它纺纱织布，改用它强度大的优点做绳索，利用它的吸湿性能做麻袋。

应该说，葛、麻纤维在中华民族衣被的历史上曾经做过重要贡献。然而，由于它们生产过程及纤维本身的种种弱点，先后被淘汰出去。同样是在新石器时代被发现和利用的还有毛纤维和蚕丝纤维。这两种纤维却在漫长的历史中越来越发展壮大。毛纤维在我国是从西北、西南少数民族地区推向全国的，蚕丝纤维则是从中原推向各少数民族地区以至全国的。毛纤维主要是作为食用肉的副产品而存在、发展，蚕丝纤维则是主要作为服用原料，并以它的全部优点而经久不衰。

此外，还有一种纤维，即棉纤维。早在夏禹时代，海南岛人民就发现和利用了棉纤维。三国时，棉花种植已遍及珠江、闽江流域。西北吐鲁番的高昌很早就种植棉花和利用棉纤维。但真正在全国广为推广，那是在南宋以后。到了明清时代，棉花生产“乃遍布天下”。因此，我们可以说，棉纤维是各种纤维的一个后起之秀。为什么棉纤维会被这样重视？除了棉纤维本身的优点外，从生产、加工的角度讲，可以用元朝人王桢的话说，与桑蚕相比，“无采养之劳，有必收之效”；和大麻相较，“免渍缉之工，得御寒之益”。

人类在很长的历史时期都是用的以上天然纤维（包括动物纤维与植物纤维）。

到了近代，科学发达了，人类希望创造一种更方便的纤维。果然，由外国的科学家发明了一种新型的纤维——化学纤维。化学纤维的出现在人类衣着被服史上产生了重大的影响。在一个时期里，它几乎是人类纤维生产的主要方向。20 世纪 40 年代，化学纤维生产传到我国。但是，它最初发明的臆想，却与我们中华民族有那么一点曲折的联系。

养蚕制丝是中国的发明，然后传到国外。而西方科学家最初是因看到桑蚕吐丝而受到启发，在 17 世纪就预言了仿蚕制丝的可能性。200 多年后，法国科学家于 1885 年成功研制了硝基纤维。1891 年在欧洲又有科学家仿制成了粘胶纤维。直到 1928 年，用煤、石油等为原料合成了尼龙。于是，真正的化学纤维诞生了。化学纤维又分为锦纶、维纶和涤纶等，它们各自都有不同的特性。

就这样，在现代世界上，为了人类的衣被，组成了纤维大家族——其成员是天然纤维，主要是毛纤维、蚕丝纤维和棉纤维；化学纤维，主要是锦纶、维纶和涤纶。这些成员对于人类都有贡献，都很重要，但是，它们的品质优点谁者为多？在家族中地位如何排列呢？科学家用现代科学仪器对它们进行测试、检验，排出了名次，决出了雌雄。

根据八个项目的评比，其结果如下：

柔软性、纤细性和染色性等三项，蚕丝优于其他五种纤维，居群纤之冠；

吸湿性，蚕丝仅次于羊毛而优于其他四种纤维，居第二位；

比重、强度，前者蚕丝仅次于锦纶和维纶，后者蚕丝仅次于锦纶和涤纶，两项都居第三；

伸长度、弹性恢复力，蚕丝比羊毛、锦纶、涤纶差，居第四。

八项评比打分，蚕丝纤维独占鳌头，得 37 分（满分是 48 分，每项满分 6 分，第一名为 6 分，依此类推）；锦纶得 34 分；羊毛得 29 分；涤纶、棉花和维纶分排四、五、六。

由于蚕丝的种种优点，人们终于把"纤维皇后"的桂冠戴到了她的头上！日本的《世界大百科事典》说得好："在这些纤维之中，最贵重的是丝绸。为了追求丝绸建设了联结东洋和西欧的丝绸之路，并成为以后发明化学纤维的原动力。"

说来真不容易！在绵延了数千年的人类史上，各种纤维竞相出世，有的被历史淘汰，有的能与蚕丝纤维一起葆其美妙青春，而唯独蚕丝登上了"纤维皇后"的宝座！可是，在工业化高度发展的今天，人们有所担心，这古老而纤细的"皇后"会不会被人造纤维挤垮？尤其在当今世界，化学纤维这个厉害的"小姑娘"，敢于横冲直撞，欲夺"纤维皇后"的宝座。

人们的担心是有理由的，因为蚕丝的生产过程太复杂了。为了得到它，人们必须栽桑、养蚕，然后还需选茧、缫丝、纺织等多道工序，最后才能得到有限的丝绸。比较起来，化学纤维简单多了。它只需要得到矿物原料——石油、煤，就可以一下子在工厂里生产出大量的产品。当然，量多不等于质好，

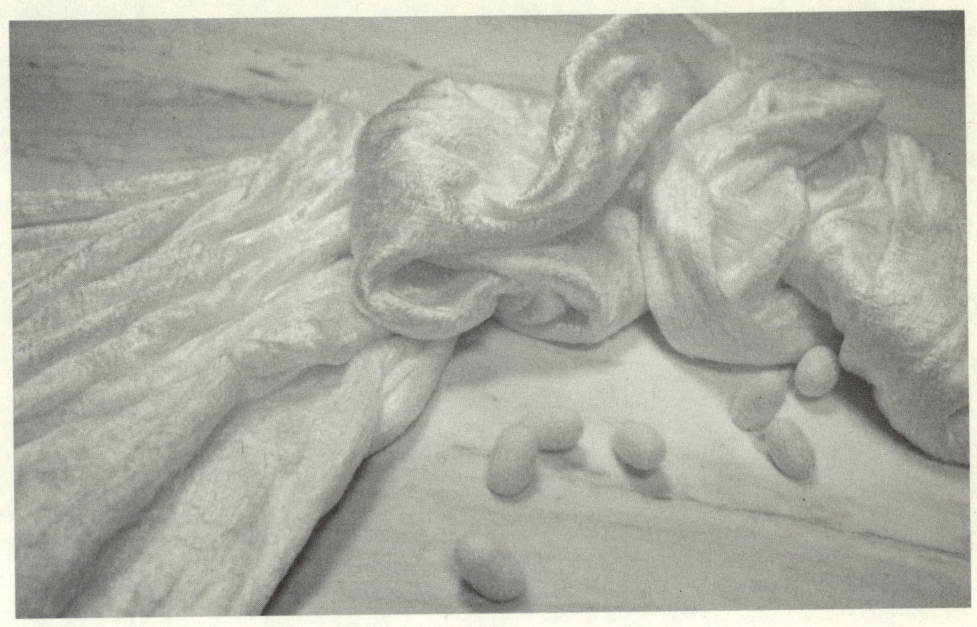

桑蚕丝

生产容易并不一定能够得到精细产品。也许正因为如此，一些专门从事仿制的专家们曾经绞尽脑汁，企图用简便的方法生产出像蚕丝纤维一样的纤维来。这就促使了各种仿真丝绸的出现。但是，真的总是真的，仿制怎能顶替！人们只好哀叹："真丝无法人造！"从20世纪70年代末起，人们再度喜欢天然纤维，尤其是丝绸，因其穿着舒适和质地精美而销量猛增。真丝绸卫冕成功，并又迎来了一个美妙的春天！

目前，世界上的蚕丝产量和棉花、人造纤维比较，可说是产量极微，只占全世界纺织纤维总产量的千分之二。因此，它弥足珍贵。但是，能不能改变丝绸生产量低微的现状呢？人类正在探索着道路！

蚕丝现有生产方式还很不理想，不过，从生产方式与人类环境的关系来说，它却有着不能代替的优点。近年来，科学技术的发展使得人类越来越重视自己所生存的环境。化学纤维对人体有某些毒害，其生产方式会造成对环境的污染，必须有控制、有条件地进行。相反，蚕丝纤维有利于人体健康，其生产有利于环境，而它的废弃物质——无论是残桑、蚕蛹、蚕屎，或纤维本身，都可被细菌分解，最终还给生产出它的大自然。同时，蚕丝纤维生产可以吸收化学纤维生产的优点，利用现代科技手段。可以设想，随着现代科学技术突飞猛进，基因工程、物理化学处理、人工定向饲育和定向栽培等新手段用于蚕桑生产，并向生产工厂化发展，那么，一个十分美好灿烂的前景——大量生产蚕丝纤维，就展现在人类面前。目前，人们正在掀起“回归大自然”的热潮。让我们欢呼蚕丝生产的新时代早日到来！让“纤维皇后”久远而广阔地被服天下，装扮人间！

的封面，用丝绸做就显得郑重、珍贵。

丝巾

丝绸在家庭摆设和装饰方面有很多功用。台上插一瓶绢花，显得十分优雅，桌上可铺锦缎台毯，沙发采用丝绸靠垫，窗户挂上丝绸（或丝绒）窗帘，家具上用刺绣实物覆盖，墙壁也用丝绸遮挡。丝绸不仅仅是美化了居住环境，而且还具有防潮吸湿的特点和调节空气与隔音的作用。

丝绸在民用与工业上用途也很广。古代钓鱼用丝做鱼线，是取它的结实并富有弹性的特点。现代高端打字机的打字带最好用丝绸制品，因为它渗透性好，能使字迹清晰，又坚实耐磨。另外，丝绸有绝缘性能，因此，可将绝缘绸用在各种电器上。在国外还有这样的事。据说，美国的富兰克林懂得丝绸很牢固，因此他就利用丝绸风筝进行了著名的关于电的试验。而法国一位叫雅克·布罗西埃的丝绸商说过："没有这种技术（指利用丝织品），我们本来绝不可能用这种织物作为协和式飞机的机头，也绝不可能制成在进行地下试验之前就把原子弹送到大气层去的气球。"

三、丝绸在医药卫生上的应用

中国号称“丝绸王国”，中国丝绸因其纤维细匀、柔软、亮泽、韧性强，而被誉为纺织品中的“皇后”。用丝绸制成的服装，不但外观优雅美丽，飘逸潇洒，而且穿着凉爽舒适，对人体健康有着独特的保健功能。

丝绸能健美皮肤。丝绸服装光滑柔软，能对皮肤产生一种微妙的按摩作用，吸收皮肤上的汗液和分泌物，保持皮肤清洁，并抵御有害气体和细菌对人体的侵害。蚕丝中所含苏氨酸、丝氨酸能促进皮肤的血液循环，增强表皮细胞的活力，调节皮肤水分，防止皮肤老化。不过，敏感体质者要注意。因为人类的皮肤拥有非常强的防御能力，对于异质的蛋白质会起抗拒反应。所以敏感体质者，特别是肌肤敏感的人，要留意蛋白质过敏。在穿着前，最好先用手肘碰触看看。

丝绸有吸收阳光中紫外线的功能。医学常识告诉人们，过多的紫外线照射会造成皮肤松弛、色斑、皮炎，甚至有癌变的可能，而穿着丝绸服装可以有效地防御紫外线对人体皮肤的伤害，有利于皮肤健康。利用丝绸的吸湿性和对紫外线的吸收性制成丝素（或丝肽）化妆品，能促进人体表皮细胞的新陈代谢，保持皮肤弹性，消除皮肤色素，是健肤美容的佳品。

丝绸被选用于炼钢工人的工作服时，它除能吸汗、透气外，还有抗热和防燃的作用。因为化学纤维在200℃前后分解、熔解、燃烧；而绢丝在高达300℃~460℃的温度中仍不会燃烧。而且，直接接触火焰时会燃烧，但一离开火焰便又停止燃烧。绢即使不施以防火加工也不会燃烧，且不会释放出有毒物质，是少数的安全纤维之一。

丝绸能防治皮肤疾病。丝绸的吸湿性和散湿性特别好，对某些皮肤疾病有着良好的辅助治疗作用。长期卧床不起的病人生了褥疮以后，如果换上真丝内衣和床单，并用真丝织物包扎患部，能较好地吸收患部水分并使其蒸发，保持患部的透气和清洁状态，疮口很快就会愈合。丝绸对皮肤瘙痒有显著的止痒作用和治疗效果。据说，有一位波兰医生曾给一位到医院来看病的病人开的药方是穿丝绸衣服。原来，这位病人得的是皮肤病，穿丝绸可以减少衣服对皮肤的摩擦，同时，丝绸这种生物制品又不会引起皮肤污染，不会阻抑皮肤血液循环。用真丝的提取物制成丝素牙膏，有抗菌消炎、止血镇痛的功效，可以防治牙龈炎、牙龈出血和口腔溃疡。

丝绸还在一定程度上能软化血管，增强肝脏功能。蚕丝是蛋白丝纤维，含有多种氨基酸，是最佳的保健卫生衣料，它具有软化血管、增强身体活力、延缓衰老的功能。常穿丝绸服装，不仅能较好地保护身体不受外界温度的影响，有助于人体健康，而且可以防治高血压、动脉硬化和静脉曲张。蚕丝中含有 30% 的丙氨酸，有增强肝脏功能的效用，用蚕丝与氧化钙进行化学反应后滤出无异味的丝绸溶液，加入果汁可制成“丝绸冻”，加入面粉、黄豆等原料可制成“丝绸面条”“丝绸豆腐”等丝绸食品，不但营养丰富，而且能健身防病。肝病患者经常食用，可减轻肝脏的代谢负担，促使肝细胞的修复和再生，有利于缩短病程和肝功能的恢复。

丝绸在医药卫生上的用途也很广泛。做外科手术时，医生用的伤口缝合线必是丝线。为什么？这除了因丝线对伤口愈合无碍外，医生还看中了它易打结的优点。最奇特的要算是真丝人造血管了。丝绸可以代替人的一部分机体，上海第一医学院附属中山医院就可以施行这种手术。病人被打开的胸膛，那患有肿瘤的主动脉被切除了。大夫把一根洁白、柔软并富有弹性的真丝人造血管接到病人的肌体上去。随即，殷红的血液经人造血管流通。但是，人的血管有粗有细，在一定部位还要拐弯，碰到这些问题怎么办？真丝人造血管可以做成不同孔径，并能弯曲、伸缩，让人们选用，这真是巧夺天工！这种真丝人造血管是 1960 年创制出来的，现在已装进许多病人体内，没有一人发生变形或破裂。有一位病人身上已被放置真丝人造血管 18 年，破了美国用合成纤维血管在人体内放置 15 年的“惊人记录”。

四、以绢帛为纸的中国绘画

中国绘画起源甚早，原始人用有色物质在岩石上作画，在自己身上作画；到后来发明了陶器，就在陶器上作画；纺织品发明后，在衣裳上作画；冶炼术发展后，就在青铜器上作（铸）画。可惜不能在龟甲牛骨上作画，也不可能在木简或竹简上作画。原因很简单，甲骨、竹简写文字可以，作画则不太合适，而青铜器数量也毕竟有限。最后，中国画终于找到了生长的土壤——缣帛。由此，丝织品就和中国绘画艺术结下了不解之缘，可以说没有丝织品，就没有中国画。

战国帛画《人物夔凤图》

中国画在世界美术史上是一种比较古老的绘画，它以其优秀的文化传统和独特的东方魅力称著于世，为世界美术史家、美术鉴赏家和美术爱好者所称道。凡是接触汉文化的国家和地区，莫不受中国绘画深远的影响。很多中国名画，为我国和世界各国著名的博物馆以及艺术收藏家作为人类共同的文明财富而加以珍藏。现代的中图画，则在传统的基础上焕发着青春。

目前已经发现的最早的绘画（指绘画艺术作品而言）是湖南长沙战国时期（公元前4世纪至公元前3世纪）楚墓出土的帛画《人物夔凤图》（画名为后

人所题)。这幅画在中国美术史上占有非常重要的地位，一致认为它是中国画之祖。当时的绘画家选择在丝绸上作画，故这幅画得以保留了下来，让我们一睹了2000多年前中国绘画的风采。另外还有一幅帛画，也是出土于湖南长沙楚墓，名《人物驭龙图》。

“T”形帛画

接下来就是湖南长沙马王堆西汉(公元前3世纪)轪侯利苍夫人墓出土的著名“T”形帛画。这幅画的出现，曾轰动了国内外美术界，为中国绘画史又增添了光辉的一页。这幅画是覆盖在棺盖上的，呈“T”字形，称作“非衣”。画面上画的是天上、人间和地下三个不同层次的场景。马王堆其他墓穴里也发现了帛画，共出土了五幅，但以此幅保存得最完好，最有价值。

中国美术史上真正的画家画或文人画当数晋代顾恺之所作《女史箴图》。该画现藏英国大英博物馆。现在国内能看到的作品是隋代展子虔所作《游春图》，它可说是中国山水画的先驱。以上这些画当然都是画在绢上的。

中国绘画真正趋向完美和成熟当推唐代。唐代见之于经传的知名画家很多，也有不少真迹传世。唐代著名画家吴道子(亦名道玄)和李思训齐名。他们的画现存有两张，但无署名，相传是他们所作，所以在名字后面加一个“传”字。画马专家曹霸，唐玄宗曾让他为心爱的坐骑“花玉骢”写照，诗人杜甫也在他的《丹青引赠曹将军霸》一诗中，做了较为生动而具体的描述。“诏谓将军拂素绢，意匠惨澹经营中”，从这句诗中得知，当时曹霸画马也是用绢画的。唐画流传下来的还有韩干的《照夜白》、韩滉的《五牛图》、阎立本所作《步辇图》。以上说的只是指专业画家的画，至于说到流传下来的出土帛画就多了。阿斯塔那出土唐绢画很多，如《纹锦半臂仕女图》，画面为仕女

展子虔《游春图》

上身穿窄袖衣，外罩半臂露胸纹锦外套，下穿石榴红裙，显得亭亭玉立，得体大方。另外，在 230 号墓还出土六扇绢画舞乐屏风，是唐初艺术精品。

中国画到了宋代，可说达到了艺术的顶峰。两宋时代虽已有纸，但绘画基本上还都作在绢帛上，其原因分析有以下几点：

其一，绸绢表面平挺，略有组织纹，有一定的摩擦力，有利于运笔（指毛笔）；

其二，绸绢门幅较宽，长任意，可作巨幅；

其三，绸绢耐磨强度较高，便于反复涂抹；

其四，有适度的吸水性，不渗化，有利于色彩多层次晕垫、烘托和积累；

其五，画家的习惯，传统绘画技法不易一下子就改过来；

其六，绸绢易于长期保存。

宋代的绘画除以绸绢为载体外，又出现了一大领域，即以绫锦作为画卷的装饰，所谓“装裱”。这是随着绘画艺术发展的需要而形成的一种特殊形式。画面需要有一个类似框框的东西把它框起来，使艺术感染力更集中。这在西方绘画上也有，他们用的是宽厚的木质（或经雕花）边框，立体感很强，其缺点是不便携带；而中国画则采用绫锦做边框，其花纹、色彩可根据画的内容格调而定，极富装饰性。采用绫锦装饰的第二个原因是出于艺术构图的需要，边框成了绘画章法的一个组成部分。中国画的构图往往或拔地而起，或从天而降，或斜敧而出，或横向而生，在章法上要求疏密有致。这样的构图，如果没有边框，就失去了依托。第三，中国画是卷绕的，往往一幅很长的画卷，可以卷绕成一个画轴便于收藏和携带，而用绫锦裱褙边框后，可以增加画卷的耐磨程度。

《纹锦半臂仕女图》

绘画发展到元代，一部分仍沿用绢本，一部分开始用纸。纸的吸水性强，容易渗化，作画有一种特殊的晕墨效果。元代著名画家如赵孟頫、黄公望、王蒙、吴镇、倪瓒、王冕传流下来的画，部分已为纸本。明代大画家沈石用、董其昌、唐寅（伯虎）、文征明，均已基本用纸作画，但仇英（十洲）因画工笔仕女，仍时用绢本。到清代，著名画家四王、吴、恽（王时敏、王鉴、王翚、王原祈、吴历、恽南田）均用纸作画，但都以绫锦裱褙。直到现在，中国画基本上用宣纸（少数工笔画仍用绢），但也都仍需用丝织品装饰。

五、用丝做纸的帛书

纸是我国古代四大发明之一，对人类文化的进步做出了不可估量的贡献。当然，随着科技的发展，微缩胶卷、微晶体和电脑磁盘等高科技产品大有后来居上之势。但是，在日常生活中，我们还是离不开纸。

那么，在纸诞生以前，文化又是怎样传播的呢？古人依靠过众多材料，其中，丝绸也曾扮演过极重要的角色，为我们光辉灿烂的古文化的发扬建立过功勋。

追溯中国文字，甲骨文是刻在龟甲及牛胛骨上的，以甲和骨作为文字的载体；钟鼎文（金文），是铭铸在金属器件上的文字，其载体主要是青铜器。除此之外，还有将文字刻在陶器、瓦当上的，称瓦当文字；或者刻在岩石上的，称刻石。甲骨也好，钟鼎也好，瓦当也好，刻石也好，要刻起字来也极不方便，因而稍后就出现了书简。从甲骨、金文到书简，可说是文化上的一大突破，文字可以更广泛地流传了。书简是将文字书（或刻）写在竹简或木简上，再把竹简（或木简）编结成册，所以，这个“册”字，好像许多竹片拴在一块儿似的。从出土文物来看，汉简最多，但也有秦简（如云梦秦简），甚至还有更早的。

在秦代，皇家的文件也都是写在竹简上的。据说，秦始皇亲自理政，每天一定要看完 120 斤奏章才休息，工作量也是很大的。至于说到要保存上百万册书籍、文献、档案，其体积之大自不用说了，所以有许多古籍书都已失传。

到了西汉，发展为将文字写在缣素（白色丝织物）上，称为帛书。那时，重要的文件就都用帛书了。其实，帛书不是始于西汉，在这之前，就已有在丝织物上写字的了。在《鲁论》中有这样一段记载，孔子的弟子子张问关于士大夫的品行，孔子回答他“要言忠信，行笃敬”，子张要马上记录下来，来不及去拿简，就写在绅（丝制宽腰带）上。

目前已出土的最早的帛书是战国时的楚帛书，可惜实物已为美国所收藏，我们不能知其面貌，据说很奇特，上面有书有画。大概是因为丝织品代价太高，或者古代传流下来的大量书简未曾全部换代，所以在西汉，简书与帛书并存。但是最有说服力的还是出土文物，马王堆一号汉墓出土的大量竹简，都是目前已失传的古代典籍，如《孙膑兵法》等，都是非常宝贵的史料。同时又在三号墓发现了大量帛书，有 20 多种古籍，约 12 万字，其中有《老子》《易经》《战国策》等，与现传本不尽相同，都写在缣素上，一整幅的折成方形，半幅的卷在木片上，那要比笨重的竹简方便多了，而且在容量上，也远远超过了竹简。综上所述，帛书始见于战国，到西汉逐步被广泛采用，但囿于缣素价昂，所以与竹简并存。

话说到这儿，“纸”已经呼之欲出了，竹简笨重，缣素价昂，那么用什么东西来替代它们呢？那就是纸。什么叫纸？据东汉许慎所作的《说文解字》一书中对纸下的定义是，“纸，丝滓也”。也就是说，原始的纸是由茧衣、缫丝过程中的下脚废丝以及漂絮时留存在筐底的丝屑纤维形成的一种薄片。这

马王堆帛书

种薄片当然亦能写字，比起缣素来要便宜得多了，但强度不及缣素。因为它是由丝组成的，取名曰“纸”，从“糸”旁。用现代技术名称来说，其实它是属于一种“非织造布”（凡用可纺纤维黏合压制成的絮片，现代称“非织造布”,以区别于纸）。随着科学的发展,非织造布将应用于生活中的很多方面。另外，还有一种也是由丝构成的纸，是利用蚕儿在平面上吐丝，使不能成茧，所得平面丝片，加以压制，称茧纸。日本至今还在生产这种茧纸。

用丝来做纸，成本还是太高，后来就出现了用其他纤维（如麻）来造纸，发现最早的这类纸是在西汉。后来，东汉蔡伦将造纸技术进行改进，正式生产纸。至此，丝与纸才分道扬镳。

第五编　对丝绸做出贡献的杰出人物

中华民族的丝绸历史有几千年，取得了许多光辉灿烂的成就，这既是各族劳动人民的智慧结晶，也与那些在蚕桑丝绸方面做出贡献的出类拔萃的人物分不开。例如，陈宝光妻、马钧、薛景石、窦师纶、朱克柔、沈子蕃……他们有的改进了丝绸技艺，有的发明了丝绸新品种，有力地推动了丝绸文化的发展，这些名字将永远镌刻在丝绸文化的丰碑上。

一、提花织机改进者——陈宝光妻

陈宝光妻，现代读者对这个名字会觉得奇怪，为什么不用自己的名字？这是因为在古代，一般妇女出嫁后都不用自己的名字，而是跟随丈夫姓氏，她的本名已失传。

随着社会的发展，人们对丝绸的提花要求逐步提高。殷商时一般采用简单的几何图案，春秋战国时已用复杂的鸟兽纹样，这样，就使织机不断变化，走向复杂化，否则就难以织制出复杂而美丽的花纹来。到了西汉时期，花纹越来越繁复，不改革织机，生产的提花丝绸就难以在数量和质量上提高。这时，出了一个聪明能干的人，对提花织机进行了改革。这个人就是陈宝光的妻子。

陈宝光妻是汉宣帝（公元前91年—公元前49年）时河北巨鹿人。她是一个织绸能手，织的一种绸非常高级，叫散花绫，远近闻名。不仅如此，她织绸的速度一般也比别人快。正由于这样的原因，她的事迹被传到当时汉朝大司马霍光的夫人耳朵里。于是，霍光夫人把陈宝光妻从河北召到京城长安来，专为霍光家织绸。

为什么一个堂堂大司马家要请人来织绸呢？这是因为汉朝有这个风气，官僚或富商家都有许多家僮在织绸，如另一位大司马张安世家有700名家僮，他的夫人也亲自纺织。那时，丝绸就是财富，谁家织绸多，自然财产就多，有谁不愿意自己家财富多的呢？这就是霍光夫人之所以要召陈宝光妻来家织绸的原因。

霍光家还有一桩事也与陈宝光妻有关。霍光家曾受过皇后的乳医（女医）淳于衍的帮助，因此，霍光夫人就赠送淳于衍30匹蒲桃锦和25匹散花绫作为报答。这蒲桃锦是当时官府织室的高级产品，而散花绫就是出自陈宝光妻的巧手。陈宝光妻之所以还能留名到今天，这大概是因为她做的事与当时地位显赫的霍光大司马有联系的缘故吧！

陈宝光妻为什么能织出有名的散花绫，并且速度也较常人为快呢？这与她自己使用的织机有关。

提花织机是中国古代的一项重要发明。从目前的考古资料来看，我国的提花织机在商代就已经出现了。

一般的织机只能织出平纹的织物，提花织机才能织出带有复杂花纹的织物。提花织机是从一般的织机发展而来的，但比一般织机复杂得多。从河南安阳殷墟墓葬铜器上保留的丝织物痕迹来看，不仅有平纹组织的绢，还有提花的菱纹绮，说明商代已经使用了提花织机。到了周代，又进一步织出多色提花的锦，汉代则能织造各种精致复杂图案的锦。

据现代鉴定和分析长沙马王堆出土的绒圈锦，其总经数（指织物经线的数目）为 880 到 11200 根，没有上千的综束是织不出来的。马王堆汉墓的时间早于陈宝光妻的时代，由此可见当时提花织机的复杂程度。陈宝光妻面对当时复杂的提花织机，利用她自己长期织绸提花的经验，把异常复杂的织机加以改革，使之简化为 120 综（织机上使经线上下交错以便梭子通过的装置）和 120 蹑（织机上用脚踩的两只踏板）。这样，不仅操作起来方便了，而且，速度自然也就加快了，可以达到 60 天织一匹的速度。

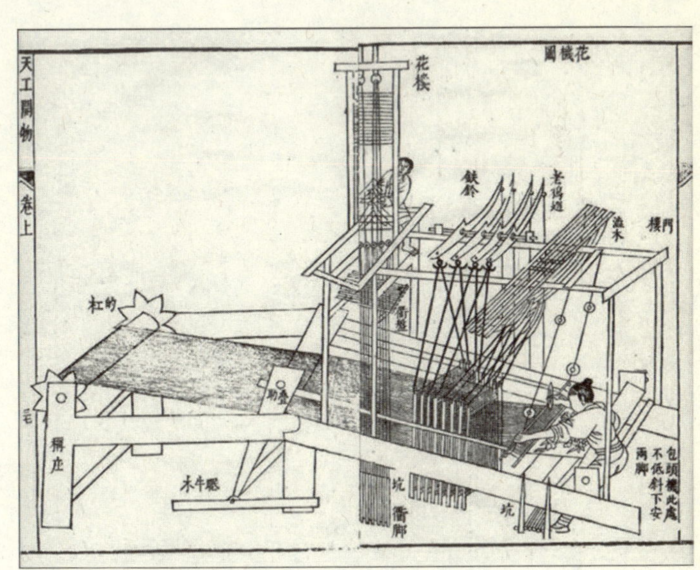

古代提花织机（宋应星《天工开物》）

陈宝光妻对提花织机的改革，对当时的丝织生产产生了影响。但陈宝光妻改革后的织机是什么样的形制，因为没有记载，我们不得而知了。

我国关于提花织机工作情况最早的

比较具体的描述，是东汉王逸的《机妇赋》。我们从中可以知道，汉代的提花织机已经具有机身和装造系统的联合装置，基本上具备了我国传统提花织机的各种主要部件。它由织工和提花工两人来操纵。提花工坐在织机上部3尺高的花楼上，按照设计好的纹样来挽花提综，织工在机前上拉一束，下投一梭，一往一来地织着。两人相互配合，可以织出各种复杂变化的纹样。

上面所谈的我国最早阶段的提花织机，经过以后不断改进和提高，更加完善和定型，并且于七八世纪和十二世纪，先后两次传到欧洲，对欧洲的提花技术产生了深远影响。

二、著名的织机改革家——马钧

马钧，字德衡，三国时魏国人，生于陕西扶风，在京城洛阳做事。他不仅是提花织机改革家，而且在其他领域还有许多发明创造。如果说，陈宝光妻是织绸能手兼织机改革家的话，那么，马钧则是著名的机械发明家兼织机改革家。

马钧一生除织机改革外还有四桩事情为人称道。

第一桩事是改进翻车。当时洛阳城内有一片坡地无法耕种，因为地势高，水源低，无法灌溉。马钧知道了这个情况，想法帮助群众改荒地为菜园。他创造了一种翻车，把河水引上坡地，解决了低水灌溉高地的问题。这个当时世界上最先进的翻车，就是后代的龙骨水车。东汉时，毕岚曾制造过翻车供洒道之用，但马钧创造（或改进）的翻车，其功效大于旧式水车。直到现在，我们还可以看到南方有的地方还使用这种提水工具。

马钧

第二桩事是创制指南车。为了此事，马钧曾与当时爱好空谈的学者、大臣们有过争论。马钧说，古代黄帝与蚩尤作战时曾制作过指南车，而当时宫廷的侍从官高堂隆和骁骑将军秦朗却说古代没有。他们并且拿马钧的名和字——“钧”与“衡”开玩笑，说：“你衡不准轻重怎能当钧模！”马钧回答说：“空口争论没有用，不如动手做起来可证明。”果然，他动脑筋把指南车做好，使得那些嘲笑过他的人哑口无言。

第三桩事是发明创造了厉害的兵器。当时魏、蜀经常打仗。蜀国丞相诸葛亮创制了一种厉害的兵器，叫连弩，可以一连发射很多支箭，对魏军构成很大的威胁。马钧看到了连弩后说：“好是好，但还可以改进，提高5倍威力。”于是，他改进了弩。他还制作了一种攻城用的转轮式发石机，能连续发射很多石块。打仗时，它可把石块抛到几百步以外的敌人的阵地或城楼上，给敌人以很大杀伤。

第四桩事是创制了一套活动木偶。当时有人向魏明帝献了一套木偶。这套木偶没人摆弄，自己不能活动。因此，魏明帝问马钧，能否使木偶自己活动起来。马钧反复看了看这套木偶，回答说：“可以！”结果，他发明了用水力推动木制原动轮旋转，放在小戏台下面，并使台上木偶与原动轮用机关连接起来。这样就使木偶在台上自己活动并表演起来，打鼓的打鼓，吹箫的吹箫，舞剑的舞剑……木偶们在舞台上进进出出，表演自如，确实唱出了一台好戏。以后，人们把马钧创造的这套活动玩具叫作“水转百戏”。

通过上述马钧的其人其事，我们可以看出，他是一个非常聪明的人，而且不争空言，善于钻研，是个实干家和了不起的机械发明家。

由于马钧是个穷苦家庭出身的人，所以他非常关心劳动人民的疾苦。青少年时代，他曾在当时河南襄邑、陈留等织绸很著名的地方，亲眼看到过提花织绸工匠的紧张劳动，深感他们工作的辛苦。马钧当时看到的提花织机已经不是陈宝光妻时的120综和120蹑的了。在陈宝光妻后又有人对提花织机进行了改革。到马钧时，提花织机只有两种：一种是50综、50蹑的；另一种是60综、60蹑的。当然，马钧看到的织机比起陈宝光妻所用的织机是进了一步，结构简化，速度加快，工效提高。但是，在马钧看来，50综、50蹑，或60综、60蹑的织机，还是太复杂了，劳动强度大，工效不理想，还要继续改革。他通过了解、观察、实践，知道了综和蹑的多少直接与花纹设计有关，而花纹图案又是有规律可循，有的对称，有的循环出现……据此，他合并同样的花纹综束，使之更加简化，一次就可以提升原来几个综束的经线。就这样，马钧在总结前人革新经验的基础上，把提花织机再改成12蹑的。使用起来不仅减轻了劳动强度，而且效率比原有的织机提高了五倍以上。用马钧改革后的织机织绸，花纹图案奇特，花型变化多端。

马钧在当时虽然有才能，但曹魏当权者不用他，只让他在皇帝身边当个无多大作用的顾问官。但是，人民群众欢迎他，称他为"马先生"，并送他一个十分荣誉的称号——"天下至巧"。

三、纺织机械发明家——薛景石

明朝永乐年间，由最高统治者发起，纂修了一部宏伟的巨著——《永乐大典》，共 22937 卷。这部我国最早最大的百科全书动员了儒臣文士共 3000 人，并花了整整五年时间才编成。就在这部如此博大，又为皇帝如此重视的巨著里，收集了一部工匠的著作，叫《梓人遗制》。这个工匠是非常幸运的，如果没有《永乐大典》，他的著作要流传下来绝非易事。而《永乐大典》自出世后，也遭遇过种种厄运（焚烧、散失），几经磨难才得以保留下 3%。残存的第 18245 卷便是这部著名的工匠专著——《梓人遗制》。

那么，这个工匠是谁？“梓人”又是什么意思？

这个工匠姓薛，名景石，字叔矩，生于金末元初，是河东万泉（今山西万荣县）人。“梓人”就是木工。“梓人造制”的意思就是“木工的著作”。

薛景石祖父、父亲都是能工巧匠，薛景石生在这样的家庭中，自然受到家传，精于木工。另一方面，他的家乡又地处黄河北岸，中条山西麓，历史上耕织业就比较发达，各种纺织机，他都熟悉。而附近的中条山，森林茂密，盛产木材，有取之不尽的木材原料，可供他制作农具和织机。这些，都是薛景石能写出木工专著的基础条件。

薛景石又不单是一个精明的手艺人。从他的著作里，我们可以看出他颇有学问，读了很多书。他对纺织的历史发展与变化，都做过研究，从黄帝时代起论述到他生活的前一个时代——五代的后梁和后汉，什么“黄帝的臣子伯余初做衣是用‘手经指挂’的办法，后世才有织机”呀，什么“南朝的才子江淹诗句有‘纨扇如明月，出自机中素’”呀，什么“吴王赵夫人，巧妙无比，人称吴宫有三绝：机绝、针绝、丝绝”呀，等等，懂得的东西很多。这样，

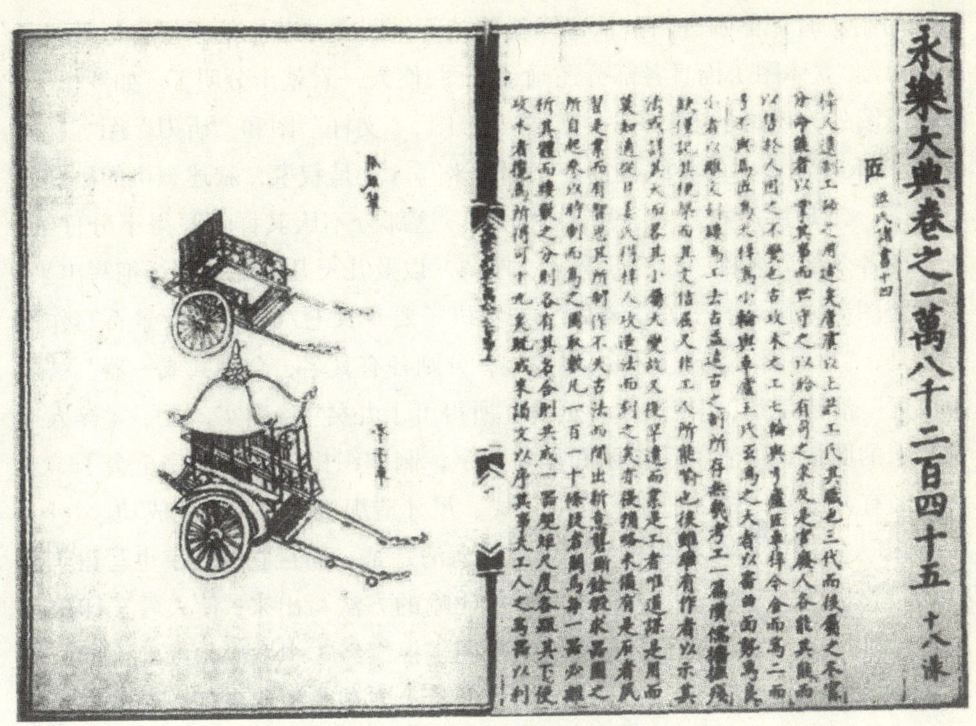
永樂大典卷之一萬八千二百四十五　十八漾

匠　諸氏遺書十四

薛景石《梓人遗制》（《永乐大典》本）

他就可以继承历史经验，再结合实际，写出他独创的著作来。正如他的同代人段成巳在为本书写的序里说的那样，他“夙习是业而有智思，其所制作不失古法，而间出新意”。

不仅如此，薛景石写作是为平民百姓着想。他有好手艺但绝不自私保守。相反，薛景石怕自己的本领别人不懂，所以，他要十分详细地把自己的经验写出来给大家学。正如段成巳在序里所说，一般人都喜欢自己的技艺能超过别人，而唯恐别人超过自己，从而得到利益，这是人之常情。但是，“观景石之法，分布晓析，不啻面命提耳而诲之者，其用心焉何如，故予嘉其劳而乐为道之”。

那么，《梓人遗制》究竟写的什么内容呢？

《梓人遗制》这部木工专著一共写了两方面内容：一是有关车子，一是有关织机。在车子这项内容里，它写了四种车子制造法，即“圈辇”“靠背辇”“屏风辇”和“亭子车”的制造法。在织机里，它也写了四种机子的制造法，即“华机子”“立机子”“罗机子”“布卧机子”的制造法。薛景石写每一种机子的制法时，都画有图谱，这样就使其著作图文并茂。他不仅将每种机子画了总图(立体图),而且各部分还画了分图,使人一看就十分明了。如罗机子,除了总图外，还画了分图——“泛桩子”图、“文杆”图和“斫刀”图。

《梓人遗制》对每种织机都分三部分来写。一是叙事，叙述织机的历史发展由来。二是讲用材，究竟用多少木材。这部分不厌其详，写得十分仔细，机子的各个部分名称、长短、宽窄、厚薄，以及几尺几寸几分都详细写出来，再配合图谱，让人看了好学着做，如罗机子要身长七八尺等。薛景石写作的方法是，“每一器必离析其体而缕数之，分则各有其名，合则共成一器”，“规矩尺度”清清楚楚，“使攻木者览焉，所得可十九矣”！确实，看了《梓人遗制》上的图谱，再看文字说明和尺寸数字，制作织机就差不多完全会了。现代曾经有人按照《梓人遗制》上的样式、尺寸造织机，也能装配成功。

《梓人遗制》不仅把织机的内容写得清清楚楚，而且它的文字也写得十分生动。它尽量选用群众的口语，用形象比喻的方法写出来，使人看了印象深刻，过目难忘。如罗机子上有一机构是用来提绞经（织罗必须绞经）的，它外形很像乌鸦，操作时，这机构前俯后仰，恰似乌鸦掠翅飞翔。薛景石给它取名叫老鸦翅，既生动活泼，又十分贴切。

《梓人遗制》在讲完了各种机子如何制造以后，还在各章末尾说明该机的多种用法，教人教到家。如华机子，它说，要用华机子“织纱，则用白踏（一机件名称）”；要用华机子织“素物，只用搭子（也是一机件）”；如果要用华机子“织华子什物，全用其机子；各种织物，甩机件不等，随此加减”。薛景石这人写书确如段成巳所说：“各方面内容讲得这样明白清晰，真像当面提着耳朵不厌其烦地来教你，他的用心是多么的好啊！”

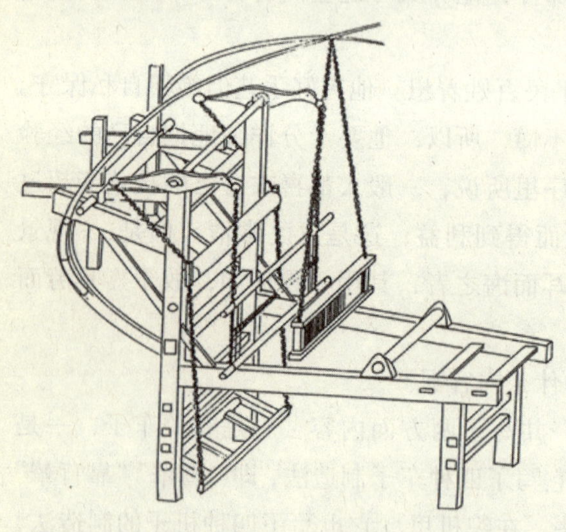

薛景石《梓人遗制》（《永乐大典》本）

《梓人遗制》出世之前，当时各地织机都不相同，即使是同一地同一种织机，其尺寸大小、规格都很有差异，这给纺织生产、织机制造及修理、装配都带来很大的困难。薛景石从实践经验里深深地感受到了这一点。正如他自己所说："今人之巧，其机不等，自各有法式。"正是由于这个原因，薛景石要写《梓人遗制》，来让纺织机有所改良并规范化。果然，经过他的努力，各地织布和织绸的产量和质量大为提高。从此，"南松江，北潞安，衣天下"之说不胫而走。薛景石在纺织史上的贡献的确是巨大的，也正是因为这样，到离开薛景石生活的时代已经 190 年以后，明朝的永乐年间，那一帮翰林学士、太子少师和儒臣文士们还决定把《梓人遗制》收进宏大的官书《永乐大典》里去，让它万世流传。薛景石破天荒地使我国有了一部制造织机的专著，这是我国纺织史上的杰出成就。

四、丝绸纹样设计大师——窦师纶

唐代有一篇著名的小说叫《游仙窟》。小说虚幻地描述了男主人公曾因公务到了“香风触地，光彩遍天”的仙境，并与两个绝色佳人邂逅相遇。临别时，他将一种当时流行的华美丝织品——“益州新样锦”赠给了他所钟情的女子。

那么，这种脍炙人口的“益州新样锦”是什么样子？它的设计者是谁呢？

“益州新样锦”的创制人叫窦师纶，字希言，隋末唐初人。他出生在一个官僚家庭，父亲叫窦抗，被封为陈国公。当唐高祖时，窦师纶在李世民的秦王府任咨议和相国录事参军官职。窦师纶这人绝顶的聪明，各种职务都干得很好。他又做过益州大行台（代表中央机构的大行政区官员）。他一生的最大成就是在唐太宗贞观元年（627 年）时创制了许多别出心裁的绫锦时新花样。后来，他被提拔当了太府卿和银州、坊州、邛州三州刺史，又被封为陵阳公。因为这种纹样绫锦出自窦师纶当官时的益州（今四川成都），所以人称“益州新样锦”。又因为窦师纶被封为陵阳公，又有人称这种蜀地绫锦为“陵阳公样”。

窦师纶设计的“陵阳公样”究竟是什么样子？十分可惜，在很长的历史时期，人们只能靠有限的文献资料得知他那些著名的设计纹样，如“瑞锦、对雉、斗羊、翔凤、游麟之状”，并知道它在唐代曾经风行一时，广为流传，给中国丝绸增添过无上的光彩。但是，它的真面目长期不得而知。

唐代的丝绸，尤其是华美的蜀锦曾经作为大宗外贸物资被源源不断地通过“丝绸之路”运向国外。那时新疆的吐鲁番地区是一个重要的通向西方的门户。唐朝初年，这里是高昌国所在地，过往商旅，十分繁盛。有不少“益州新样锦”曾经在此转运、销售、储存。但是，好景不长，640 年，高昌国被唐朝所灭。当战马嘶鸣过后，风沙又施展起雄威，就这样，把处于海平面 300 米以下的吐鲁番盆地和高昌国文化，连同曾经风行一时的一些“益州新样锦”，深深地埋葬于沙漠之中。任凭风云变幻，历史变迁，它们都长眠而不得苏醒。

“陵阳公样”的图案

有一些唐代蜀锦“陵阳公样”被当作国礼馈赠给当时“一衣带水”的友好邻邦，随即漂洋过海东渡到日本。而日本把它们奉为国宝，收藏在法隆寺的梦殿里。梦殿于 739 年创建在圣德太子曾居住过的斑鸠宫的遗址上。可是这座富丽堂皇的八角佛殿，自建造以后，一直紧闭着大门，除了修理外，不准任何人打开。光阴荏苒，梦殿的殿门，连同收藏在里面的“益州新样锦”，被历史尘封了 1200 年。

两种遭遇，一样命运。在悠悠岁月里，“益州新样锦”从人们的视野里消失了。

历史转到了近代：日本明治十二年（1879 年），日本国宝调查官费诺萨受政府委托，打开了梦殿的大门，于是，窦师纶所创制的“益州新样锦”才得以和梦殿里的塑像一起，重见天日。另一方面，20 世纪初，日本和英国的冒险家来到新疆高昌故国，掘开了阿斯塔那墓地，遂使沉睡在墓地里的“陵阳公样”苏醒过来，携到国外，成为珍宝。

新中国成立以后，我们也从阿斯塔那及其他地方挖掘出更多的“益州新样锦”。但是，起初人们并不认识它，经专家们反复辨认，并与历史文献对照，窦师纶设计的华美纹锦“陵阳公样”才重新为人们所认识。其花纹图样有以下几种：

一种是联珠纹锦（也称球路纹锦）。所谓联珠纹锦是在图案中设计了一圈珠环，上下左右各安置一对应的“回”字小方块。在珠环中心填以各种式样的美丽图案。这样联珠纹锦又可分为三类：

一类是联珠动物纹锦。属于这类纹锦的样式很多，如联珠对孔雀“贵”字锦，其图案是在珠环内安排了一对开屏的孔雀。联珠的中间有一“贵”字。而联珠外侧的相对空处安排了奔驰的兽纹。全幅锦面以橙红为地色，白色为边纹，夹以蓝色和绿色的块斑，给人以温暖而富贵的感觉。又如联珠斗羊纹锦，其纹样是在珠环内设计了一对大角羊，双羊相对，肋生双翼，前足各有一蹄翘起，看上去好像双羊正在难解难分的斗殴着，羊蹄下有两叶卷草向两侧延伸。全幅锦面于驼黄的地色上显海蓝色的圆珠，珠体的周边是白色的珠环，设色雅致，清新秀丽。此锦图案是织在一件唐朝妇女常穿的小半臂上。再如联珠双鹿纹锦，其图案是在珠环内设计了相对的两只鹿，两联珠环左右用彩条相隔，上下空隙处，填四叶纹。全幅锦面为黄、白、深棕、沉香、湖绿五色，以黄为地，多色穿插相间。再如联珠对马纹锦，其图案是珠环上下左右各安排了一朵仲面莲花与另一珠环外的莲花相连缀，珠环内设计了带翘双马，双马的前蹄都向上提起，蹄下有二叶卷草纹从中间向两侧延伸。再如联球对鸭纹锦，其纹样是珠环内有对鸭纹，珠环左右以彩带相间，上下以大柿蒂形叶纹装饰。以上这些纹锦都是新中国成立后从新疆吐鲁番阿斯塔那古墓发掘出来的。再如联珠花树对鹿纹锦，是在珠环内有相对花树，树下有横立着的双鹿，树根部长方框内有对称的“花树对鹿”字样。此纹锦原在阿斯塔那墓地，是蒙在木乃伊面上的盖布，1912 年被日本冒险家掘走。此外，日本正仓院还藏有一联珠花树对羊纹锦和一联珠犀牛纹锦。还有一幅联珠鹿纹锦，是被英国人斯坦因于 1914 年从新疆盗走的，现藏在新德里博物馆。据日本研究中国丝绸的专家书上诚之助说，在伦敦大英博物馆也收藏有同类型丝织物。

唐代团窠联珠对羊纹锦

另一类是联珠狩猎纹锦。唐朝韦端符写的《卫公故物记》中，说到有一件紫色花绫袄子，袄上图案是树林，树下有奔驰的狻猊、貙、骆驼等动物，还有骑马的猎人在狩猎。这显然是“陵阳公样”。此外，在日本正仓院被当作宝物收藏的绿地狩猎纹锦，其图案是联珠、

唐代联珠对鸡纹锦

唐代联珠狩猎纹锦

唐草、葡萄纹，珠环内有四骑士、豺豹，配以鹿、羊、花等动植物。另在日本德隆寺保存有另一块联珠狩猎纹锦，其图案是联珠中央置有果树，四角上配以有胡须的四骑士（也有称作“四天王纹锦”），他们乘坐的是天马，射狩的是狮子，在天马的腿部有铭文。这是一种专供宫廷皇族使用的华贵织锦。这块纹锦不像以上所存纹锦残缺不全，而是保存很好，有 2.7 米长，1.3 米宽。因此，花纹图案也极其完整。这就是那块曾遭遇过历史尘封的被当作日本国宝的著名梦殿遗物。

第三类是联珠植物纹锦。为联珠菊花纹锦和联珠小宝照（镜背）纹锦。

窦师纶设计的这些联珠纹锦显然带有波斯风格，其图案设计受到波斯影响，和萨珊王朝时织物图案有类似特点。尤其是联珠装饰和“四天王纹锦”中的人或动物构图。

“陵阳公样”纹锦还有一种是“瑞锦”。“瑞锦”是何样？也是长期无人知晓。1955 年从西北发现的一片唐代蓝地放射式小簇规矩花锦，据沈从文先生辨认，就是唐代“瑞锦”。他说：“唐有瑞锦、瑞花绫，一般难得其解，其实如由大雪兆丰年而起，就应当是这种放射式花纹。”另外，从阿斯塔那出土的唐代云头锦鞋鞋面“宝相花”图案，经研究人员辨认后，认为也是“瑞锦”。“图案中心部分，为6个花瓣组成的圆形花朵，围绕着中心花朵的则是8簇放射对称的如意勾藤。在对称如意的地方，缀以花蕊及花叶。从这种图案的基本形状来看，实为放射式雪花的变形。”

窦师纶设计的这种“宝相花”瑞锦等美丽图案，曾经被广泛应用在壁画、塑像、石刻、陶器、瓷器中去，对后代图案设计有很大影响。

由以上可知，窦师纶所设计的纹样真是丰富多彩，深受中外人民喜爱。古代的波斯也进口了很多我国的“益州新样锦”。邻邦日本得到了“陵阳公样”，就珍为国宝收藏。而我国从唐初到盛唐的百年间，这种样式新颖、纹彩华美的蜀锦，风靡一时，盛行不衰。到唐玄宗时，司马皇甫做益州长官，他动用库存物资，织制这种“新样锦”送给皇家享用。后来，换了益州长官，才因破费太大，禁止织制了。但是，“新样锦”的生产并未就此停止，社会上仍在广泛流传。京城长安官办的“织染署”织锦，也取法于“新样锦”。又过了四五十年，到了唐代宗（762年—779年）时期，由皇帝正式下令，除宫廷使用外，一概禁止织制“盘龙、对凤、麒麟、狮子、天马、辟邪、孔雀”等，“益州新样锦”的产量这才开始锐减。尽管如此，窦师纶所设计的那些代表蜀锦水平的纹样，对后代织锦产生了持续不断的重要影响。

窦帅纶的纹样设计创作成就，使他成为丝绸纹样设计的一流艺术家。唐代张彦远在《历代名画记》中把他与历代绘画大师一起收录进册，称颂他创制的瑞锦、宫绫“章彩奇丽”。我国现代最新编著的《中国美术史》也把窦师纶当作丝织美术家列入史册，说他“的确是一个了不起的工艺美术家”。沈从文先生则在《“明锦”题记》里称颂说，窦师纶创制的“陵阳公样”有“特殊风格，集壮丽秀美为一体，在装饰美术上展开了一个新面貌”。

五、卓越的缂丝工艺家——朱克柔、沈子蕃

提起缂丝就必然要和宋代相联，尤其是要提起南宋。这是因为在南宋出了一批著名的缂丝名家，把南宋缂丝艺术推向了空前成熟的阶段。而在这些名家之中，就要首推朱克柔和沈子蕃。朱克柔和沈子蕃可以称得上是我国卓越的缂丝工艺家。我们之所以要推出朱克柔和沈子蕃来，不仅是因为他们的缂丝技艺最为精湛，可为南宋缂丝技艺的代表，而且还因为他们两人留传下来的缂丝作品也最丰富。

缂丝技艺从来都是作为彩锦的装饰工艺，朱克柔与沈子蕃等人的贡献就在于使它一变而为独立的艺术，开拓了丝织的新领域。具体来说就是缂丝屏条（和绘画中的立轴一致）艺术品的诞生。为什么会这样？从客观来说，除缂丝技艺本身从汉唐以来积累了相当的经验之外，中国绘画，尤其是山水、花鸟画到宋代日臻成熟也是其重要原因。朱克柔和沈子蕃等人缂丝技艺的主要成就，也正是使缂织与绘画高度完美的结合——用缂织技艺体现绘画的艺术效果。在当时不仅是缂丝这样，刺绣也是如此，都模仿唐宋名家的绘画。

朱克柔，又名朱刚，女，原是华亭县（今上海市松江）人。松江，不仅缂丝有名，刺绣也很著名，人称缂丝和刺绣是松江丝织艺坛的双璧。由此可见，松江地区丝织是有相当风气的。据说，朱克柔从小就学习缂丝，积累了丰富的配色经验和运线经验。因此，她织的缂丝，表面紧密丰满，丝缕匀称显耀；画面配色变化多端，层次分明协调，立体效果特佳，有的类似雕刻镶嵌。同时，她还是一位出色的女画家，对中国画具有相当的造诣，否则，她缂织的作品上的人物、树石、花鸟等，就不会那样传神地体现出诸名画家的风格意境来。

朱克柔一生的缂丝作品极丰，现在遗留下来的有：《朱克柔刻丝缕绘集

锦》，其中有刻丝五色织 11 幅。这 11 幅刻丝集锦是近代丝织品收藏家兼鉴赏家朱启钤先生在 1920 年保管的《清内府藏刻丝绣线书画录》上收录的。另外，还有《宋克丝绣线合璧》三幅刻丝中的两幅，即第一幅刻丝《牡丹》和第三幅刻丝《山茶》。在辽宁省博物馆的《宋明织绣》图册和近年来人民美术出版社出版的辽宁省博物馆藏的《宋元明清缂丝》中都收有这两幅作品。除此以外，我们可知道的还有《莲塘乳鸭图》，原作现藏上海博物馆。据说还有一幅《碧桃蝶雀图》也是朱克柔刻织的。

仅从以上这些篇名来看，朱克柔缂丝作品主要还是花鸟，其次才是山水。

朱克柔的作品缂织精细，技艺超群，确乎是名不虚传。就拿她缂织的《山茶》来说，真是栩栩如生。在天蓝色的地纹上缀着水红色的山茶花。画面上蝴蝶翩翩起舞，而挺拔的叶片呈现一片浓绿。最为令人惊叹的是，其中有一叶片的边缘被虫蛀蚀，那一角残败的迹象，都细致入微地织制出来，活灵活现，观后疑为真花真叶。难怪明朝的文彦可在看了这幅刻丝后题字说："朱克柔，云间人，宋思陵时以女红行世，人物、树石、花鸟，精巧疑鬼，工品价高，一时流传至今，尤成罕见。此尺帧，古淡清雅，有胜国诸名家，风韵洗去脂粉。至其运丝如运笔是绝技，非今人所得梦见也。"

朱克柔的缂丝作品《莲塘乳鸭图》

朱克柔的另一幅缂丝代表作《莲塘乳鸭图》更是一幅绝作：那一片宁静的池塘，莲花怒放，绿萍盛开；画面中心畅游着羽翎丰美的子母鸭，嬉戏争食；岸边有白鹭和翠鸟与之相映成趣；蜻蜓在飞舞，草虫在啾唧。全幅作品把花卉、草虫、飞鸟的自然生态和奇山异石、潺潺流水等自然景色，缂织得浑然一体，犹如天成，可谓巧夺天工，精妙绝伦！

朱克柔的缂丝工艺品，在当时远近闻名，成为士大夫文人和官僚政客争相抢购的对象，甚至连宋徽宗赵佶，也派宦官到江南索取，并亲手在一幅《碧桃蝶雀图》上题诗赞颂："雀踏花枝出素纨，曾闻人说刻丝难。要知应是宣和物，莫作寻常黹绣看。"

沈子蕃，吴郡（今江苏省苏州市）人。苏州是我国缂丝的重要产地之一，集中在近郊的陆墓及蠡口两处。据说，最盛时，这两处的织工多达200余人。因此，沈子蕃高超的缂丝技艺是有地区的雄厚基础的。

江南是宋代文人画派中花鸟画家集中的地方。从唐代的殷仲容到五代的徐熙，再到宋代的崔白等人一脉相承，轻色淡彩，表现为野派的知识分子的"野逸"意趣。这种画风直接熏陶了沈子蕃等一般缂丝艺人。娴熟的苏州缂丝技艺与独特的江南花鸟画相结合，就构成了沈子蕃缂丝的特殊风格。

我们现在能看到沈子蕃的缂丝作品有:《梅花寒雀》《花鸟》《梅鹊》《山水》《山水》《秋山诗意》。（六轴都收在《清内府藏刻丝绣线书画录》中。）这些优秀绝作有些现藏于故宫博物院。我们先看沈子蕃两幅缂丝山水作品。一幅上注有"重山云掩，石矶茅亭，岸侧维周仰眺"字样；另一幅注有"晴峰秀石，崖上草亭内一人观书，下临清流渔舟维卧欸"字样。这都是说明沈子蕃缂丝山水内容的。

沈子蕃的缂丝《梅花寒鹊图》堪称他的代表作，同时，也是我国宋代缂丝的传世珍品。图上有清丽的梅花和苍劲的老树，树上并歇着两只凄凄的寒鹊，给人以孤冷凌厉的感受。梅花、寒鹊，逼真传神，设色淡雅。粗壮的老树树干，有浓墨重笔之遒劲，似乎还带着锐利的笔锋。

沈子蕃缂丝绘画的风格与朱克柔有所不同。唐宋以来花鸟画坛形成两派画家。朱克柔的缂丝更多地呈现出从唐代的边鸾到五代宋初的黄筌一派风格，"下笔轻利，用色鲜明，穷羽毛之变态，夺花卉之芳妍"（《唐朝名画录》赞边鸾语），"妙在赋色，用笔极新细，殆不见墨迹，但以轻色染成"（宋人沈括赞黄筌一派语）。朱克柔缂丝艺术风格为清新富丽，沈子蕃则明显地倾向于北宋著名花鸟画家崔白的艺术风格——江南水墨野逸的画风，专画沙洲、芦雁，秋冬萧疏，淡远荒寒。沈子蕃的《梅花寒鹊》立轴屏条缂丝作品在故

沈子蕃的缂丝《梅花寒鹊》

宫博物院展出时，许多观众都把它当成宋人名画，怎么也想不到这竟然是一幅丝织品，是缂丝艺人用小梭子在绸面上一梭子一梭子往返盘织出来的。

总之，朱克柔与沈子蕃是我国卓越的缂丝艺术家。他们的作品也反映了中国花鸟画工笔重彩、独具一法的传统。一位缂丝老艺人说：“缂丝易学难精，要见多识广，又要善于变化，积累了丰富经验，才能织出好作品。”而朱克柔、沈子蕃等人把用作装饰的缂丝技艺推向体现唐宋名画传神乱真的高度，确实如沈从文先生所说：“刻丝出于汉代的织成，到了宋代，把名画家黄荃、崔白等作的写生花鸟，一笔不苟反映到新生产上去，达到了空前的成就。”这是对朱克柔、沈子蕃等人恰当的评价。

第六编　中国丝绸及技艺的外传

植桑养蚕和缫丝织绸是中华民族最伟大的发明之一，对全世界的文明进步做出了伟大贡献。而且，它还充当了中国同周边邻邦和西方国家早期交往的文明使者。举世无双的“丝绸之路”，是古代横贯亚欧大陆的中西交通大动脉，至今为亚欧各国人民所神往和赞颂。丝绸贸易对古代商业、交通和文化交流，乃至对古代中西各国的经济政治文化发展，都产生了极其深刻的影响。

一、神奇的“东方丝国”

丝绸原产于东方，产于中国。但是，很早以前，它就传到了西方。据美国《国家地理》杂志报道说，德国考古学家在德国南部斯图加特的霍克杜夫村，发掘出一个公元前500多年的古墓，发现人体骨骼上有中国丝绸衣服的残片。又据西方史书记载，公元前1世纪，古罗马的凯撒大帝有一次穿着中国的丝绸袍去看戏，在场的大臣们看见了，纷纷为那绚丽的丝绸所吸引，一时，大家都无心看戏了，议论纷纷。从此，大家竞相仿效，美丽的绸衣都穿在贵族的男人们身上了。到2世纪下半期，中国丝绸的价格，在罗马市场上昂贵无比，上等丝料每磅竟值12两黄金，甚至连奥利连皇帝都被这样的高价吓倒，下令皇家禁止用丝绸做衣服。但中国丝绸势头不减，到4世纪时，罗马各贵族阶层几乎都穿上了华丽的丝织品。

古罗马是西方的文明古国。为什么他们的皇亲贵戚这么迷恋中国丝绸？这是因为当时（汉朝时期）的西方尚无蚕桑丝绸，那时西方的纺织品只有用亚麻和羊毛做原料，一般人穿着厚重粗糙的亚麻服装，贵族们则享用亚麻轻纱织物。他们当时甚至连做梦也没有想到，世界上竟然会有如此美丽的丝绸织品。因此，他们用最美好的语言来称呼中国丝绸。有的称它为“小公主”，有的说它“太可爱了”。有一位皇帝见到中国丝绸简直爱不释手，说它“真像一个美丽的梦”。

那么，产生“美丽的梦”的国度在何方？当时的西方人是如何称呼，如何认识中国的呢？

早在公元前4世纪时，也就是中国的战国时期，西方人就开始认识中国了。希腊史学家克泰夏斯在他的著作《史地书》中最早应用了“seres”这个词，

胡人陶俑

读作“赛尔斯”或“赛里斯”，本来意思是“制丝的人”，以后被引申为“丝之国”，指的就是中国。希腊文里“ser”，读作“赛尔”，是“丝”的意思。这个读音近似我国吴越方言“蚕”的发音。因此，可以说，从那时起，西方人通过中国丝绸就知道有这么一个“东方丝国”存在。

2世纪，希腊地理学者托勒密在《地理学》中说，罗马欧亚人常到赛里斯国去买丝绸。

由于地域的遥远和路途的险阻，当时西方人很难到达具有美丽丝织品的国度。因此，一些人凭想象编出关于“东方丝国”的神奇而美丽的童话。当时，有一位埃及作家兼诗人叫科斯麻士的这样说道：“如果人世间真有天堂的话，世界那些醉心于寻求天堂之乐的人们，你能有什么办法去阻挡他们不向往呢？天堂是理想中的世界。可是，人世间却真有像天堂似的美妙的东西，这就是来自天的边缘的赛里斯的丝绸。人们为了贪图这种肉体淫乐，不避艰难险阻而往天涯海角寻求丝绸的人，就像迷恋梦寐以求上天堂一样无法阻挡。”

对于中国人，也有一些奇特的传说。如罗马大诗人维吉尔和希腊史学家普林尼在他们的著作中说，赛尔斯人“身体高大，近二十英尺，寿命超过二百岁”，赛尔斯人“过于常人，红发碧眼，声音洪亮”，等等。

另外，由于对丝绸的生产过程不了解，西方人仅凭道听途说就对中国丝绸的产生做了可笑的描述。据说，古希腊著名哲学家亚里士多德在公元前4世纪把蚕说成是一种有角的小虫。以博学闻名罗马的普林尼在他著的《博物志》一书中这样说道：“赛尔斯人因林中产丝而驰名宇内。丝产于树上，取出后湿之于水，理之成丝，然后织成锦绣文绮，贩运至罗马。富豪贵族之妇女，

希腊古历史学者包彻尼雅斯

裁成衣服，光辉夺目。由地球东端运至西端，当然是极其辛苦。”公元2世纪，希腊古历史学者包彻尼雅斯在《希腊志》一书中说道：“赛尔斯人用于织绸制帛的丝，并非来源于植物，而是用其他方法制成的。其方法是：该国有一种虫，希腊人称之为‘ser’赛尔。但赛尔斯人不称它叫‘赛尔’而另有别名。虫的大小约两倍于甲虫，其性质与树下结网的蜘蛛相似。蜘蛛有八足，该虫也有八足。赛尔斯人在冬夏两季建专舍饲养。先用稷饲养四年，到第五年另用青芦饲养。虫以其吐出细丝状物质，缠缚其足裹伏壳内。虫的寿命仅为五年。”

上述包彻尼雅斯的叙述比普林尼更接近点真实。但两人都不完全正确，都有可笑之处。普林尼说“丝产于树上”，这等于说“丝来源于植物”（2世纪希腊诗人佩里岸特斯在他的《世界地理》中干脆说丝绢是由“竹叶制成”），这不正确。而包彻尼雅斯说蚕喂稷叶和青芦，寿命五年等，这也不正确。由于那时西方人对蚕丝的知识很不了解，因此，就给丝绸及其原料的产生蒙上了一层神秘的色彩。

中国人自古以来就不太重视经商。为了得到中国丝绸的贸易权，历史上曾经发生过罗马和波斯的多次战争。波斯人善做买卖，他们搞转手贸易，高价出售，并利用优越的地理位置，一直垄断着中国丝绸对西方的贸易权。罗马人对此一直不满，想甩开波斯，直接与中国交往。这样，终于在571年爆发了一场东罗马与波斯的大战。据说一战就打了20年之久。这就是西方历史上著名的“丝绢之战”。

“东方丝国”的绸缎是那样的迷人，以至于在阿拉伯一本游记中叙述过这样一个《天方夜谭》般的故事——阿拉伯有个商人，曾经在广州拜见过一位唐朝官员。忽然，他像发现了什么奇迹似地看到了这位官员胸口的一颗黑痣。他很惊异！是不是自己的眼睛花了？官员觉得奇怪，问道："你为什么老是瞧我的胸口？"阿拉伯商人说："我很奇怪！为什么你身上的一颗痣能透过两层衣服显现出来！"官员听后哈哈大笑，忙拉起衣袖让商人看。原来，这位官员穿的不是两件绸衣，而是五件。这一下，使得那个阿拉伯商人更加惊叹，世界上竟有如此精细而轻薄的丝绸织物！

日本学者山下氏在其著述《蚕种要录》中，专门研究了"丝"字语音的语源。他根据我国"丝"字的语音，再联系世界许多国家"丝"字的语源，说明世界蚕丝之源是在中国。古代中国绢丝被称之为"系"，读作"si"；拉丁语称绢丝为"scrlcum"（赛里克姆）；英语叫"silk"（赛儿克）；意大利语叫"seta"（赛达）；法语叫"soie"；德语叫"seide"，等等，都保留语源的这个"s"声母，以表示绢丝之意。

根据这一观点考察，世界上还有许多国家都在绢丝语源上保留着"s"声母，如俄罗斯人称丝为"selk"；伊朗人称丝为"sarah"；土耳其人称丝为"sari"；阿拉伯人称丝为"seric"；朝鲜人称丝为"sir"；西班牙人、意大利人称丝为"seda"；丹麦人、荷兰人、瑞典人称丝为"silke"……

二、罗马的丝绸热

中国丝绸西传始于何时，迄今仍为悬案。从考古资料来看，较早的是巴泽雷克墓地（位于南西伯利亚阿尔泰山北侧）出土的刺绣和织锦，墓地的时代约在公元前 500 至公元前 400 年。据此有人认为公元前 5 世纪时丝绸已经西传，其实这批丝绸的时代是在战国中期至西汉初期。新疆托克逊阿拉沟墓地出土的菱纹罗等丝织物属战国时期，罗布泊附近遗址和墓葬则发现东汉时期的丝织物。叙利亚大马士革东北的巴尔米拉古墓地，出土有东汉或稍晚的汉绮。上述情况表明，中国丝绸在战国及西汉初期已流传到西边较远的地区。但是，丝绸流传到里海以西地区则在东汉初期。

除上所述，许多学者还根据“赛里斯”一称，将丝绸西传的时间上溯得很早。阿波罗多拉斯（公元前 130 年至公元前 87 年）的《安息国史》记载，大夏（中亚古国名）王在公元前 3 世纪向东扩张直达赛里斯国，赛里斯人碧眼红发。很显然该书所指绝不是中国，而是中亚及与今新疆邻近的地区。此后，古罗马地理学家斯特拉波（公元前 64 年至公元 23 年）又重复了上述说法。以此结合前述情况判断，似可认为公元前 3 世纪时中国丝绸可能已西传到大夏。在这个时期还没有罗马人接触到丝绸的足够证据。只有当张骞通西域以后，丝绸不断西运到大夏、安息之时，罗马人才可能有机会接触到丝绸。据西方史料记载，公元前 53 年克拉苏（古罗马执政官之一、叙利亚总督）率军与安息人在卡尔莱大战。古罗马军团被围困，当战斗进行到关键时刻，安息人突然展开了绣金的、色彩斑斓的丝绸军旗。这些摇曳的丝绸军旗，在正午的阳光下鲜艳夺目，使负隅顽抗的古罗马军团眼花缭乱，惊恐万状，终于惨败。一些西方学者认为，这些丝绸军旗就是罗马人所见的第一批丝绸织物。

的社会生活，甚至连人们的祈祷文中也常掺杂与丝绸有关的事。在这种情况下，丝绸的消耗量不断增加，并成为影响帝国经济决策的重要因素之一。比如帝国的海关条例、和平条约、商行章程、限制奢侈法等，都涉及丝绸。为了增加国库收入，还专设了丝绸税。从进口丝绸到零售，各个环节步步追踪，严加管理。当时丝绸价格的浮动情况，在一定程度上已成为判断帝国政治吉凶的重要征兆之一。

总之，中国丝绸西传后，罗马是丝绸热的中心，丝绸对罗马帝国及后来的东罗马帝国产生了巨大的影响。这股强烈的冲击波，涉及方方面面，在罗马的历史上打下了深深的烙印。

三、丝绸引发的激烈角逐

汉唐时期丝绸大量输入西方，其重要渠道有三条：一是中国政府向西边少数民族的赠赐；二是中国政府与少数民族间巨额的绢马等贸易；三是中亚等地商人的长途贩运。由于当时罗马帝国是丝绸的最大买主，所以从各种渠道来的丝绸不断向西集中。但是，丝绸要运到罗马在不同时期还必须经过安息和萨珊王朝的辖境。他们为了获取巨额利润，阻断了罗马与中国的直接交往，垄断了丝绸贸易。于是在罗马与安息、萨珊王朝之间展开了一场旷日持久的垄断与反垄断、争夺丝绸贸易权的激烈角逐。

安息位于罗马帝国和中国汉朝之间的贸易路线上。公元前 141 年，安息向西扩张与东进的罗马帝国隔幼发拉底河对峙，双方始终深怀敌意。汉通西域后，安息与汉朝建立了良好的关系，获取大量丝绸。然而与安息近在咫尺的罗马人，只是到公元前 53 年卡尔莱战役时才正式知道丝绸的信息。从此，罗马人便处心积虑地到处寻找丝绸。这时安息不仅竭尽全力阻止罗马东进，不允许罗马商人通过安息领土直接与中国交往和购置丝绸，而且还垄断了丝绸贸易并拒绝与罗马直接贸易。为此双方多次交战，互有胜负，罗马人始终未达到目的。为打破安息的垄断，罗马把手伸向了处于两国之间独立的著名商业都市和丝绸集散地巴尔米拉。106 年，罗马还控制了近海的丝绸贸易重镇皮特拉，216 年又夺取了出海口埃德萨。

一些西方学者认为，在罗马与安息对峙之时，罗马的丝绸来源主要是经海路从与中国有贸易关系的印度转手获取的。

1 世纪中叶，中亚的贵霜帝国崛起，到迦腻色迦王时，贵霜打败安息，领土西达咸海，贵霜又成为丝绸贸易的重要中转站。贵霜与罗马的关系较好，

但是，贵霜的丝绸主要是出口到波斯。3 世纪初，安息和贵霜相继衰落，波斯萨珊王朝兴起。224 年波斯灭安息，不久又占领了贵霜帝国的中亚地区，从此又展开了萨珊王朝与罗马的斗争。

两国的战争连绵不断，其中大都与争夺丝绸有关。萨珊王朝地处东西交通要冲，控制着东西陆路和海路的交通线，使之成为中国丝绸的最大储存库和丝绸贸易垄断中心。面对这种情况罗马人别无选择，只好从萨珊王朝手中高价购买丝绸。后来双方在激烈的斗争中曾多次互相妥协，并商定以关税城的形式进行丝绸贸易。所谓关税城即法定的丝绸贸易中心，除此之外其他任何地方都不允许不同国家之间进行丝绸贸易。关税城的交易程序，大致是由叙利亚人在关税城向波斯人购买丝绸交纳关税，然后装船运到拜占庭，卸船时再交关税。在这种交易中波斯经常抬高丝绸价格，罗马人大受其害。但是，总的来看，东罗马的丝绸供应情况有所改善。然而阿拉伯帝国的崛起又打破了这种格局。636 年至 641 年，阿拉伯帝国先后占领了东罗马帝国的叙利亚和埃及等地，7 世纪末至 8 世纪末征服了中亚。于是阿拉伯帝国成为西亚和中亚的唯一强国。与此同时，东边的吐蕃人又染指和盘踞在西域南道和葱岭地区，使传统的陆路受阻。在这种情况下，北线则较以前活跃起来。

5 世纪时，君士坦丁堡宫廷开始设立丝织作坊，因以女工为主又称“闺房”。在丝织业方面，罗马人最初只是将中国的素色丝绸拆散，再织成有本地特色的供上层社会需要的绫绮。后来则主要采用进口中国蚕丝作为丝织原料，因而蚕丝又成为主要的争夺对象。波斯萨珊王朝攻入叙利亚后将一批丝织工匠劫持到苏萨，于是波斯的丝织业也逐渐发展起来。罗马和西亚的纺织技术传统是斜纹组织和纬线起花，罗马晚期和波斯萨珊王朝的织锦都是纬锦。其中波斯锦还流传到中国，新疆吐鲁番阿斯塔那墓地和甘肃敦煌等地均有实物发现，其织法和纹样对中国也产生了一定的影响。比如，在织法上唐代织锦采用了纬线显花，在纹样上盛行西方式的植物纹（忍冬纹、葡萄纹等），以及在萨珊式的联珠圈内填对马纹、对鸟纹、对鸭纹、猪头纹和立鸟纹等。新疆出土的一件对驼纹织锦，织有“胡王”字样，显然是中国为向西方出口而织造的产品。

四、四通八达的“丝绸之路”

何谓“丝绸之路”？狭义地说，就是中国丝绸向外传播的通道。

中国地域辽阔，物产丰富，素有“中央之国”的称呼。但是，任何国家和民族都不能闭关锁国，必然以自己的生产技艺与物产去与他国异族互通有无。这是人类发展经济、文化的普遍规律。我国丝绸到秦汉时期，生产规模已相当大了，闪耀着东方文明的光辉。因此，它成了一位领先的使者，最早越出了国门。

我们现在所说的“丝绸之路”，主要指的是西去中亚、欧洲的陆上干道。这条道路的完整开拓是中外人民早在2000多年前共同努力的结果。但是，“丝绸之路”名称的确定，却是近代的事。在19世纪末，首先由德国地理学者李希霍芬在中亚资源调查报告中把这条国际贸易往来的通道称为“丝绸之路”。其后，英国、法国、日本、俄国等国，有人打着研究和考古之名，在沿途发掘，窃取汉唐时期的丝织物和各种史书画册。于是，“丝绸之路”的名称被公认于世界了。

其实，“丝绸之路”传播的不仅是丝绸文化，而且还有中外其他许多物质文明和精神文明，对东西文化交流曾经产生过巨大的影响。因此，现代学者们把“丝绸之路”喻为“世界历史”展开的“主轴”、世界主要文化的“母胎”和东西文明的“桥梁”等等。但是，毫无疑问的是在这条路上传播最早、最多、最重要的当是中国丝绸。因此，大家一致公认以中国丝绸来命名这条路最为合适。由此可见，中国丝绸在世界上的出现，给世界历史和世界文明所带来的直接和间接的影响是相当巨大的。

中国丝绸从我国西部陆路传到国外早在战国时期甚至更远的时期就有了，

"丝绸之路"的开拓者张骞

比如之前提到的德国南部古墓发现的人体上的中国丝绸就属于春秋时期。但是，大规模且完整地把这条路打通却不能不提到一个人。这就是西汉时期的著名历史人物——张骞。

建元三年（公元前138年）和元狩四年（公元前119年），张骞奉汉武帝之命，两次出使西域，打通了极其险恶的西去之路。什么叫西域？西域是汉朝时我国对新疆（包括新疆在内）以西、中亚、西亚，直至地中海东岸一带的称呼。那里有黄沙茫茫的荒漠和白雪皑皑的高山——路途遥远，气候多变，风暴频仍，干旱缺水，要从这里探索出一条路来，其困难是可想而知的。但是，以张骞为首的中国外交使者，终于把这条险路打开了，使我国精美的丝绸及其他物品得以源源不断地由中原输往西域各少数民族地区和西方各国。这些丝绸有的是作为外交上的馈赠，更多的是作为贸易。

"丝绸之路"东起西汉的国都长安（今陕西省西安市），途经甘肃的武威，穿过狭窄的河西走廊，到达当时的中西交通枢纽——敦煌。再往西就遇到了塔克拉玛干大沙漠的阻拦。因此，在这里路分南北两条，绕过大沙漠西行。南路西出阳关（唐朝时高度繁荣），经鄯善、于阗、莎车，再往北到达疏勒，又往西到达大宛。北路是西出玉门关（汉朝时比较繁荣），经车师前国、龟兹到达大宛。在大宛，南北两路会合继续往西到达安息、条支和大秦（罗马帝国）。"丝路"全长7000多千米。用罗马历史学家佛罗鲁斯在他的《史记》中的话说，从中国到罗马，"须行四年之久，方能达也"。

需要说明的是，在很长的一个时期里，由于战争等原因，这条“丝路”中的某段曾经有所变动，或新辟了某段，但这只是局部的情况。“丝绸之路”的主要干道仍然是上面所述。

万里遥远的“丝绸之路”，中外商业文化使者是怎么通过的呢？事实上，很少有人能走完全程。他们都是各自走完一段就返回原地。他们穿过沙漠边缘，奔向一个个可以供给食宿的绿洲。“丝绸之路”就是这些绿洲“点”的联结。

多年以来，在这条“丝路”上发掘出了许多汉唐时期与丝绸有关的历史文物，如西安出土的商旅形象的彩陶骆驼和驴，以及西域打扮的陶俑；武威出土的带刺绣织锦的苇胎针黹箧；新疆维吾尔自治区境内沿南北两条古道，出土了大量的我国中原地区传统的和西亚人民喜爱的各种花纹的丝绸织品；叙利亚、伊朗和意大利也出土了我国汉代绫、绮和唐代丝绸。所有这些，使我们仿佛看到了在这条汉唐古道上曾经商旅不绝，骆驼队长途跋涉，满载着中国丝绸西去的踪影。

关于西汉的长安，锦、绣、绮、罗，琳琅满目。英国李约瑟博士考证后说，这是西方人称的“丝域”，经由陆路与西方进行频繁的“接触”。东汉建都洛阳。洛阳城内的“四通市”，当时是繁华的国际贸易市场。北魏散文家杨炫之的《洛阳伽蓝记》里说，这里住着“自葱岭以西，至于大秦”的“商胡贩客”，达“万有余家”，“天下难得之货，咸悉在焉”。当时中外的商队，必须持有官府的“过所”（汉时称“传”），才能越关过境。否则，偷越关戎，汉唐时要判一年到一年半的徒刑。隋炀帝在位时，西域的商人“多到张掖与中国交市”。盛唐时，河西走廊更加兴旺，最西端的敦煌是通中亚的门户，古称“咽喉之地”。我国新疆西端的疏勒，当时是中外贸易的汇集点。疏勒之名，就包含有“绢丝市场”的意思。

除此以外，中国丝绸还通过其他途径传向国外：其一，“青海—西宁道”，从长安到达兰州，再折向西宁，沿青海湖北岸，穿过柴达木盆地到达“西域”；其二，“四川—青海道”，在5世纪后由长江流域经四川、青海通“西域”；其三，“居延道路”，这是因唐代“安史之乱”吐蕃趁机夺占河西各州以后开辟的从长安北上到夏州，再向西北到达居延城接通原有的“丝绸之路”的道路；其四，“蜀川群舸道”，这是从四川经掸国（缅甸）到达印度东南部的道路；其五，“吐蕃泥波罗道”，它包括从“尼泊尔加德满都至中国西藏拉萨”和“拉萨到长安”

这两部分道路。“丝绸之路”四通八达，像道道长虹，从中国射向世界各地，让美丽的中国丝绸飘向地球的各个角落。当然“丝绸之路”也载运中国其他的物产，同时也输入世界各国的物质和文化产品。

五、连接东西方的海上丝路

提起丝绸之路，人们自然会联想到在古代陕甘高原通向西域的崎岖道路上，一队队由骆驼组成的商队，驮着油漆麻布或皮革制成的行囊，沿着张骞出使西域新开拓的路线徐徐西行的盛况。然而，很多人可能不知道，在古代还有一条与横跨欧亚大陆的丝绸之路并行的海上商路。这就是我国通往西方的海上丝绸之路。

海上丝绸之路，顾名思义就是运送丝绸的海上通道。它的得名是由于当时我国从海路出口的商品和陆上丝绸之路一样，相当一部分也是丝绸。海上丝绸之路是当时海上航线的泛称，不是仅指某一条具体的航线。

海上丝绸之路的起点在我国东南沿海，主要是广州，终点在非洲东北部埃及沿海港口。海上丝绸之路虽然不像陆上丝绸之路那样普遍地为人们所知，但在历史上，它却是一条比陆路更重要的商业运输线，即使在今天也仍然是东西贸易交往的重要通道。这条海上丝绸之路的历史，可以远溯到千百年前。

我国古代的航海业十分发达。远在夏代，禹的第八世孙芒就“东狩于海”（《竹书纪年》）。在商代有“相土烈烈，海外有截”（《诗经》）的记载，相土即商汤的祖先。东周时期，齐国已享有“海王之国”（范文澜《中国通史》）的声誉。及至手工业和商业兴旺发达的汉代，我国的航海业更有了新的发展，成为世界航海大国。

汉代出现的用来导航和占候的天文书多达136卷，可见当时航海已经成为专门的学问。在造船技术方面，那时已能够建造高达30多米的巨大楼船。在这样的条件下，开辟一条与陆上丝绸之路并行的远洋航线来扩大国际间贸易，已经成为可能。

同时，开辟海上商路也是当时客观上的迫切需求。我国盛产的丝绸，柔软而又光亮，轻盈而又华丽，历来为西方各国人民所酷爱。但是在那时的条件下，丝绸由我国辗转到西方是相当艰辛的，全靠畜力从崎岖的陆路上驮运，数量极为有限。更糟的是，通往西域的道路有时会因某种原因闭塞不通，完全中断运输。所以，西方人要买到中国的丝绸很不容易，以致有人认为中国就像神话里的“天堂”，是“大地的边缘”。因此，扩大同世界各地的经济往来，发展海上贸易是势在必行的。

于是，在汉武帝时就派遣了少府官员“译长”，率领一批应募商民，携带大量黄金和丝织品等，从雷州半岛乘大海船出发，探索着赴南亚诸国的航路。

当时探索出的远洋航线有：从我国广东沿海出发，沿着北部湾西岸和越南沿岸航行，绕过越南的最南部，沿着暹罗湾沿岸，顺着马来半岛海岸南下，进入马六甲海峡，经过 5 个月的航行，到达都元国（今印尼苏门答腊岛东北部）；再自都元国绕航，沿马来半岛西海岸北上，航行 4 个月，到达邑卢没国（今缅甸勃固附近），沿缅甸西海岸向西北方航行 20 余日，到谌离（今缅甸伊洛瓦底江沿岸）；沿印度东岸向西南航行，两个月后便到达黄支国（今印度马德拉斯西南康契普腊姆附近）；最后由黄支国向南航行到达已程不国（今斯里兰卡）。这样的远航，往返一次需要 28 个月，航程数万公里。

经过艰辛的探索，太平洋到印度洋的海上航线就此沟通起来，海上丝绸之路也就初步形成。

随着海上贸易的不断发展，海上丝绸之路在汉代以后日益繁盛，常常是“舟舶继路，商使交属”。尤其是唐宋时期，海上丝绸之路从东印度洋延伸到了西印度洋，成为当时我国南方对外贸易的主要商路。

唐代，已经能造很大的船，“（舶）大者长二十丈，载六七百人”。9 世纪时常往来于阿拉伯和中国之间的苏莱曼，在《东游记》中声称，中国的海船特别巨大，波斯湾风险浪恶，只有中国船能通行无阻，以致从阿拉伯东来之物要捎在中国船里。与此同时，每年也有大量外国商船沿着海上丝绸之路到我国来进行贸易。《新唐书·李勉传》中记载，李勉任广州刺史时，一年中曾见有 40 余艘外国商船到广州贸易。真人元开的《唐大和尚东征传》中说，748 年，鉴真在广州珠江上所见的外国商船多得数不清。马斯欧迪在著作中也谈到，当时不少阿拉伯国家的船舶直接航往中国。

随着东西方海上贸易的迅速发展，作为海上丝绸之路起点的广州，也越来越繁荣。那时，广州港船舶云集，万头攒动，市场上人山人海。赤膊的劳动者把一捆捆外国生产的红色染料——苏枋，从海船卸下；又把一匹匹我国织制的绢、罗、绮、锦装上商船。我国的丝绸是外国人垂涎的商品，而"汉府"（即广州）则成了外商向往的地方。

当时，海船从广州港起航，经过越南东海岸、新加坡海峡，进入马六甲海峡。这儿，如往南则经苏门答腊东南部抵爪哇，往西则出马六甲海峡抵斯里兰卡。然后沿印度半岛西海岸到达卡拉奇。这儿又可分为两路：一条经霍尔木兹海峡，进入波斯湾，沿东岸驶向幼发拉底河口的阿巴丹和巴士拉；另一条路沿波斯湾西岸出霍尔木兹海峡，沿阿拉伯半岛西岸到达亚丁。这一航程所需的时间，在9世纪阿拉伯地理学家伊本·考尔大贝著《道程及郡国志》中说，在顺风的情况下，从中国抵达阿拉伯半岛约需3个月。

三国时，东南亚的文明古国——扶南（今柬埔寨），男子皆裸体。后经我国的使者康泰、朱应的建议，才知用中国的绫锦截作干漫（筒裙）来遮体。东南亚的骠国（今缅甸），妇女"悉披罗缎"；男子"官民皆撮髻于额以色帛系之"，后来发展到用丝绸做包头巾。这都是受中国丝绸的影响。

南宋以后，这条海上"丝绸之路"更加繁荣了。至明代，郑和带着庞大的船队浩浩荡荡地七下西洋，进行更大规模的丝绸、金银、瓷器贸易，途经印度、伊朗和阿拉伯等30多个国家和地区，最远到达非洲东海岸的索马里和肯尼亚。这条海上贸易通道盛极一时。

六、传丝公主的故事

说中国是世界丝绸之源，不仅是指中国丝绸很早传向世界各地，而且还指中国发明的蚕桑丝绸技艺，在古代陆续地传播到世界五大洲。

让我们先来听一听古代一个有趣的故事。这则故事说的是汉代中原的蚕桑技艺是如何传到西域于阗国的。

据说那时的瞿萨旦那国，没有蚕桑。丝绸靠商队的骆驼走进了西域，走进了南疆，走进了绿洲，也走进了瞿萨旦那国。哦，多么美丽的中原丝绸啊，街市摇晃了，宫廷沸腾了。于是，有钱的王公贵族炫耀地穿着丝绸服装上朝了。大臣夏木斯出奇的胖，今天反而显得有些苗条。瞿萨旦那国王吃惊地问："夏木斯，你怎么突然瘦了？咦，你好像身上没有穿衣服，裹了一层'蜘蛛网'，我已经看到了你的胳膊。"

夏木斯躬身行礼，然后笑眯眯地说："我英明的主呀，您说得对，我是没有穿衣服，可是我穿的是中原的丝绸。"

"丝绸？丝绸是一种什么东西？"瞿萨旦那国王迷惘了。

夏木斯说："英明的主呀，丝绸就是您刚才说的像蜘蛛网一样的东西，可它比蜘蛛网不知美丽了多少，又结实了多少，丝绸是中原发明的一种最新的衣料。"

大臣们轰动了，他们都围到夏木斯周围观看这来自中原的最新衣料。

瞿萨旦那国王高兴得忘了尊卑之分，他离开了国王的宝座，走到夏木斯跟前，用手摸着彩云般明亮的丝绸。

"这东西确实又美丽，又轻便，你用它做这一身衣服，花了多少钱？"瞿萨旦那国王感叹地问。

夏木斯说："英明的主呀，说贵也不贵，说便宜也不便宜，用了我整整五十只羊。"

"五十只羊？"大臣们睁大了眼睛。

瞿萨旦那国王回到宝座上，余兴未尽地说："说起来，五十只羊的确是说贵也不贵，说便宜也不便宜。只是，这丝绸是怎么弄出来的呢？"

夏木斯说："英明的主呀，听商人们讲，中原有一种蚕虫，用桑树叶子喂养，长大就能结茧，再用茧抽丝，织出各种美丽的丝绸。"

半年以后，瞿萨旦那国穿丝绸的人越来越多了，但是瞿萨旦那国的牛和羊却越来越少了。主管商务的大臣不觉沉思起来：是呀，丝绸固然很美丽，可是价格昂贵，照这样下去，我们的牛羊源源不绝运往远方，国家很快会变穷了。他把这个想法和国王谈了，国王说："依你之见，怎样才好？"商务大臣说："最好的办法是把中原的蚕虫和桑树苗弄到手，那时候，我们自己也可以生产丝绸了。"

瞿萨旦那国王说："我何曾不是这样想？可是中原只出口丝绸，不允许出口蚕虫和桑苗，各处关卡防查很严。"

大臣们都沉思起来。

这时候，夏木斯出点子说："不久前，乌孙王昆莫向汉朝求亲，娶了细君、解忧二位公主。我主也是一国之王，何不向天朝求亲，如果他们答应，再设法让公主把蚕虫和桑苗带回瞿萨旦那国……"

瞿萨旦那国王微微点头，认为这个主意很好，便答应了。

于是，一队使臣向长安出发了。

求亲得到允许，汉武帝决定把历城王刘和的女儿许配瞿萨旦那国王。瞿萨旦那国王得信十分高兴，立即又派了一个能说会道的使臣去见公主。这个使臣对公主说："尊敬的公主，我瞿萨旦那国盛产玉石，是西域有名的富庶之国，但是，有一件小事可能不会使公主满意。"

公主说："什么事，你且讲来？"

使臣说："公主在汉朝，穿彩云般明亮、流水般柔软的丝绸，可我们瞿萨旦那国不出丝绸，以后公主穿戴不就成了问题？"

公主说："这事不用多虑，我奏明圣上，出塞的时候多带一些丝绸就是了。"

使臣说："尊敬的公主呀，丝绸带得再多也会有用尽的时候，必须有一个

万全之策。”

公主说：“依你之见，应当怎么办才好？”

使臣叩头说：“依我之见，公主只要把蚕虫和桑苗带到瞿萨旦那国，丝绸就永远用不完了。”

公主是知道蚕虫和桑苗不许出关的，听了使臣的话，不觉沉思起来。

使臣知她有顾虑，又叩了个头说：“尊敬的公主，这不是我的主意，全是国王的意思……”停了停他又说：“出关的办法我也想好了！”

公主说：“讲来听听。”

使臣说：“只要公主把蚕子和桑苗放在帽子里。出关的时候，行李辎重可受稽查，可谁敢检查公主的帽子。这样，蚕子和桑苗就可以安然无恙地带到瞿萨旦那国。”

公主又想了想，终于答应了。

出关的那一天，瞿萨旦那国王骑高头大马走在前面，公主的凤辇在中，后面是汉武帝及父母送的三百多车嫁妆和卫队。关上的士兵果然只检查了辎重行装，别说去查公主的帽子，他们连凤辇跟前都不敢去。于是，蚕子和桑苗从那个时候起传到了瞿萨旦那国。

这个故事是完全可信的，它是唐代的玄奘法师在其从西域返回大唐时，途经于阗听到的。尔后，玄奘把这个故事记录在自己所著的《大唐西域记》一书中。20世纪初，英国人斯坦因还在和田（古于阗）地区发掘到一块18世纪时的木匾板。板上刻画着汉朝公主和蚕茧的图像。

这个故事很重要，因为新疆是我国通向西方的门户。新疆有了蚕桑丝织就为日后这些技艺流向西方提供了方便。

七、桑蚕西传的传说

我国丝绸传入西方并为西方织造所用，最早可以追溯到3世纪的三国时期。据《三国志·魏志》卷30注引鱼豢《魏略·西戎传》说，大秦“常利得中国丝，解以为胡绫，故数与安息诸国交市于海中”。这是将中国的丝织物拆开后用中国丝再织西方所需的织物。

据历史记载，中国蚕桑丝织技艺是6世纪，即我国南北朝时期传入罗马帝国的。关于桑蚕的西传，还有这样一个故事。

东罗马帝国的国王查士丁尼最近很烦恼。为什么烦恼呢？有两个原因。一是东罗马帝国正和波斯人打仗，前方需要源源不绝的钱粮。二是东罗马帝国的泰尔、培卢特两个城市是重要的丝绸中心，那里专门加工中国的蚕丝。他们把中国的丝绸分解开来，成为一根根极细的丝，然后掺上麻线，织成绫纱，再染上色，绣上花，以高价在欧洲的市场上出售。而中国的丝绸他们又是通过波斯商人购买的。现在东罗马帝国和波斯人打仗，波斯人就不愿意把丝绸卖给他们了，就是卖也要很高的价钱。丝绸加工是东罗马帝国的一宗重要收入，现在显然受到了影响。你想，有这么两件事，查士丁尼怎么能够不烦恼呢？

查士丁尼吃不下饭，睡不好觉，不想上朝，也不想见人。一天，有两个知道国王心思的僧侣自称会做丝绸，要求见国王。两个僧侣一胖一瘦，拜见国王之后，恭恭敬敬地站在一旁。

“你们两个从哪里来？”查士丁尼问。

“我们从印度来。”胖僧侣小心地回答。

查士丁尼问：“你们会做丝绸？”

瘦僧侣说：“略懂一些，陛下。”

查士丁尼说："你们是跟谁学的？"

胖僧侣说："跟中国人！"

"跟中国人？你们到过中国？"查士丁尼高兴地睁大了眼睛。

"是的，陛下，我们到过中国。"两个僧侣一齐说。

查士丁尼又问："你们是怎么到中国去的呢？"

胖僧侣悦："中国的国王也笃信佛教，佛教又是从印度传过去的，所以小僧去了中国。"

"哦……"查士丁尼连连点头。他想了想又问："听人们讲，丝是从树上长出来的？中国有一种树，把树叶取下，湿之以水，然后理成长长的丝，是这样吗？"

两个僧侣几乎想笑，他们交换了一下眼色，胖僧侣说："不是这样，陛下。丝是一种叫蚕的虫子吐出来的。"

"蚕？蚕是一种什么虫子？"

"蚕是一种有小拇指那么粗，有小拇指那么长的虫子。这种虫子一开始很小，靠吃桑树的叶子生活，然后退一层皮长大一点，再退一层皮又长大一点，一直长到小拇指粗细，再结出雪白的蚕茧，最后用蚕茧抽丝织出各色各样的丝绸……"

"唔。"国王连连点头，似乎都明白了。沉默了一阵儿，国王又说："据你们讲，蚕虫一开始并不大，你们为什么不带一点回来？"

瘦僧侣说："陛下，这种蚕虫虽然不大，却很娇气，路上极不好带。何况中国现在严禁把蚕虫和桑苗携带出关。"

查士丁尼说："照你们这样讲，一点儿办法也没有了？"

胖僧侣看看瘦僧侣说："办法还有，我们正是为这个事来的！"

查士丁尼一下有了精神，他高兴地说："快讲，快讲！"

胖僧侣说："我们已经知道了贵国正和波斯人打仗，波斯商人还用中国丝绸刁难贵国。现在只要把中国的蚕子和桑苗带过来，用不了几年，贵国就会变样……"

"好，说得好！"查士丁尼情绪一下上来了，"这个事办成功，我一定重重赏你们，快讲怎么个带法。"

胖僧侣说："蚕虫虽然不好带，可蚕虫生的子却不麻烦；桑苗虽然不好带，

东罗马帝国的国王查士丁尼

可桑树也结籽，只要把蚕子和桑籽带来，何愁不能抽丝织绸？”

查士丁尼大喜，当即给了两个僧侣一百个金币，并说：“事成之后，再赏你俩十倍的金币。”

于是，胖瘦两个僧侣带着使命又来到了中国。他们先到江浙一带农村学习养蚕和缫丝，以后又学会了织锦。他们又搞到了蚕子和桑籽。在泉州，他们两个买通了一位船家，把蚕子和桑籽包好后藏在撑船的竹篙里，终于混出了层层关卡。552 年，中国的养蚕缫丝技术传到了君士坦丁堡。

中国丝绸生产技术传入欧洲的时间大约也是在 6 世纪：先传到东罗马，然后陆续传到欧洲其他国家。在 6 世纪以前，欧洲还不会织造大花纹丝织物，只是在六七世纪辗转得到中国的花机以后，他们才开始能织出比较复杂的提花织物。我国的脚踏织机也是在 6 世纪时传到了西方。从此，使西方织机的结构发生了变化，改变了他们一直沿用的较为落后的竖机。可是，欧洲广泛应用我国这种脚踏织机，那还是在 13 世纪以后的事。

又据西方记载，6 世纪波斯有两位使者到中国学习养蚕和丝织技术，并把蚕种带回国内试养。同时，养蚕、栽桑技术又传到了西亚和阿拉伯国家。

7 世纪以后，我国一些纺织技术比较熟练的工人曾经跑到中亚和西亚以及非洲等国传授纺织技艺，如波斯。尽管当时波斯以纺织工艺先进而著称，但仍需请中国工匠去帮助织造。唐代旅行家杜环曾在天宝十年（751 年）到达大食。他在《经行记》中说，看到有中国的织绸工匠，名叫乐隗和吕礼的两个河东人，在那里帮助织绸。蒙古西征时，有个道士叫邱处机的人，应成吉思汗的召唤，到中亚去游历，途中也曾看到千百个汉人工匠在那里织造绫、罗、锦、绮。

以上是我国蚕桑、丝织技艺传向欧洲、中亚、西亚，以及非洲的大致时间和情况。现代《美国百科全书》有关纺织品发展史说："552 年蚕子被走私运到君士坦丁堡，从此以后西方再不必进口生丝。从 8 世纪开始，拜占庭就有了织物。但是，以 10 世纪到 12 世纪的织物最好。"

八、丝绸文化东渐

“徐福求仙”这则故事在中国和日本，可谓家喻户晓，老幼皆知。这倒不是什么传说，而是真正见之于史籍的记载。汉司马迁在《史记 · 秦始皇本纪》中是这样说的 :“秦始皇帝二十八年(公元前 219 年), 齐(今山东)人徐市(一作徐福)等上奏本给皇上, 说(东)海中有三个仙岛, 名叫蓬莱、方丈、瀛洲, 有仙人居住在岛上，如请得皇上批准，需斋戒沐浴，带领童男童女一同前往，方可寻得。”

去寻求什么呢？据说是为秦始皇去求长生不老之药。据后代的学者们评论，这是徐福他们乘秦始皇求药心切之机，借此逃避现实，秦始皇上了他们的当。再说徐福他们这一拨人带足了粮食、衣服、生活和生产用具，漂洋过海，来到了日本定居下来，并把从中国带去的文化技术在当地逐渐传播，其中一部分人便从事养蚕、制丝和织造。所以, 现在有把日本称为“东瀛”之说, 即谓东方的瀛洲。

日本是我国一海之隔的近邻，与我国接触较早。有关中国丝织技艺传向日本的情况，在中日两国史书上的记载屡见不鲜。比如，西汉哀帝（公元前 6—公元前 2 年）时，中国的织罗技术通过朝鲜传到日本。到三国魏时，日本已能生产“倭锦”和“异纹杂锦”，说明蚕桑生产、丝织技术已达到相当高的水准，进步是很快的。

那么，蚕桑生产究竟是何时传入日本的呢？关于这个问题，有种种说法。先来说说日本的神话，这个神话来自日本最早的史籍《日本书记》(太安万侣著，成书于 712 年，相当于我国唐玄宗年代)，故事大意是 : 上古时代，天照大神对群神说 :“下界苇原之国（日本古称）出了一位保食神，据说神通广大，

秦始皇遣徐福求仙群雕

是否去探听一下虚实。”当下派月夜见尊去拜访。当月夜见尊会见保食神时，这位尊神展施神通，向大地一喷，就出粮食；向大海一指，鱼虾活蹦乱跳而出；向大山一招，飞禽走兽自来。月夜见尊见保食神有这样大的本领，心中非常妒忌，就拉出宝剑将保食神一剑砍死。当他回到天上向天照大神如此这般汇报后，天照大神听了大怒，斥责说：“你这个恶神，快给我滚开！”并即派天熊人下凡来察看，一看果然保食神被杀死了。只见保食神头上已化出牛马，额头上生出了粟粒，眉毛上结出了蚕茧，身上长出了稻麦五谷。天熊人回去如实汇报，大神听了非常高兴地说：“这些东西都是众生活命之源。”于是命民众播种五谷，天照大神将蚕茧含在口中，当下抽出了长丝，于是养蚕事业也发展起来了。这则故事好像和我国古代神话“伏羲化蚕”“神农教民养蚕”相似，这是从蒙昧时期向农业社会过渡的反映。另外，言下之意，好像还有“蚕桑是日本本土固有”的味道，这种说法，连日本学者也持否定态度。

第二种说法即前面提到的“徐福求仙”说，在早年的《大日本蚕史》上也引过这方面的记述。另外，在《日本纺织技术史》一书中，亦有秦始皇时代，吴地有两兄弟东渡日本，传出了蚕丝技术之说。后来日本的学者对这一说法提出了一些疑点，认为时代似乎太早了一些，但不否定“徐福求仙”这桩事实，因为《史记》是中国历史上一部可靠的史书。日本早期的历史，日本学者也是以中国古代史书为依据的。

第三种说法，是说秦后裔融通王（又号弓月君）于晋武帝泰始六年（270年），日本应神天皇时代，从朝鲜率一百二十七县人口（皆为汉移民）归日本，居住在大和地区，于是这一带即发展养蚕、织绸。日本仁德天皇（314年）继

位后，很重视蚕桑，赐弓月君的子孙姓秦，分置所属都民到各处，以养蚕为专业。后来到了雄略天皇时代（457年—479年），命秦氏子孙从事发展养蚕丝织事业。由于蚕茧连年丰收，绢帛堆积如山，天皇非常欢喜，封秦酒公为大藏长官（财政官员），赐姓“禹豆麻佐”。

第四种说法是说日本应神天皇时，百济（朝鲜国名）博士王仁（汉人）来日本，当日本王子的儒学教授，他的儿子都加使主带七姓十七县人口（汉移民）从带方郡来到日本。后来神应天皇派他们父子出使中国，从中国聘请了织工、缝工，到日本传授蚕丝、织造、缝制技术。

综合以上所说，日本学者倾向于认为，日本蚕桑是在3世纪中叶由朝鲜间接传入（因为弓月君、王仁，都是从朝鲜去的），不出东汉末年。其实，日本离中国这样近，蚕桑技术的传入，不可能局限于某时、某地，所以一些学者提出“多源论”的观点，即蚕桑、制丝、织造、缝制等技术，是多渠道、多层次地在不同时间、不同地点，先后从中国直接或间接传入日本的。

中国蚕桑丝织技艺也传向南亚和东南亚。秦汉时，我国蚕种传到印度。二三世纪，缅甸从中国云南引进养蚕技术。《新唐书》记载，古诃陵国，亦称阇婆国（今印度尼西亚的爪哇岛），有中国船工带去蚕桑技术。与此同时，养蚕制丝技术也传到了南亚的榜葛剌国（今孟加拉国）。10世纪时，越南引进了中国的养蚕和织绸技艺。

九、丝绸技艺外传的影响

中国丝绸技艺先后传向世界各地，在那里发展以后究竟产生了什么影响呢？这些影响绝不仅仅是丝绸本身或整个纺织业的发展进步，也不仅仅在于一些世界著名城市或丝绸业中心城市的出现，如意大利的卢卡、威尼斯、佛罗伦萨、热那亚，法国的里昂，美国新泽西州的帕特森，以及日本的相生市等，中国丝绸技艺先后传向世界各地最重要的影响是在某种程度上对那一个国家、民族的经济、社会，甚至历史产生了积极作用。

可以看一看世界上受丝绸技艺影响最大的三个国家——意大利、法国和日本从中世纪直到近现代的历史便可明白。意大利在欧洲中世纪（12 世纪末）即接受了中国的养蚕缫丝技术，先在南部西西里，随后于 13 世纪在卢卡发展了丝织业，14 世纪到 15 世纪初佛罗伦萨丝织业得到繁荣，一跃而成为欧洲丝织业之首，产品畅销于西欧和中东各国。再加上其他物质生产，意大利经济突飞猛进，这使它从 13 世纪末期开始，成了欧洲文艺复兴的起始国。

法国从 16 世纪起，丝绸业开始繁荣起来。17 世纪上半期，由于三十年战争和巴黎人民起义反对王权的斗争，使法国经济遭受严重打击。到 17 世纪下半期，国王路易十四及其财政总监科尔贝尔提倡发展丝织地毯、花边等工业，推行重商主义政策，大力发展丝绸、镜子、铜器等贸易，一下子就扭转了法国的经济形势，成为欧洲军事上最强的国家，以至于使得当时英国的斯图亚特王朝不断接受法国的经济资助。

日本从明治维新（1868 年）以后，特别鼓励发展蚕丝业，并广泛开拓国外生丝市场，由此充实了日本的经济，再加上其他原因，使得日本从一个落后的封建国家迅速地转变成近代的资本主义国家。

以上这些都是历史事实。

一个美国记者在她撰写的《纺织品中的皇后——丝绸》一文中说："到十三世纪，意大利已成为西方的丝绸中心。意大利的丝织业大发其财，资助了意大利的文艺复兴。"《美国百科全书》写道："让·巴蒂斯德科尔贝尔彻底重建法国经济，其主要成就之一就是在法国打下了制造丝织品的坚实基础。……日本从封建变成现代国家，丝的生产也起到了重要作用。"

今天，世界上有50多个国家在生产蚕茧和生丝，100多个国家在消费蚕丝和绸缎。

据不完全统计，生产、消费并出口蚕丝和绸缎的国家有中国、韩国、朝鲜、巴西、越南、保加利亚、巴拉圭；仅生产和消费蚕丝和绸缎的国家有俄罗斯、印度、伊朗、土耳其、印尼、泰国、罗马尼亚、希腊、匈牙利、黎巴嫩、马达加斯加、巴基斯坦、荷兰、叙利亚、斯里兰卡、缅甸、孟加拉、老挝、丹麦、埃及；生产大，消费也大，还要进口蚕丝和绸缎的国家有西班牙和日本；生产极少，大部分蚕丝和绸缎靠进口的国家有意大利、瑞士、德国、英国、法国；蚕丝和绸缎完全依靠进口的国家有美国；新近引进养蚕事业的国家有肯尼亚、阿尔及利亚、哥伦比亚、哥斯达黎加、菲律宾、尼日利亚、马拉维。

以上说明，丝绸的踪迹已经遍及五大洲。有些国家虽不生产蚕丝，但丝织、印染和服装制作业相当发达，还有许多国家专门进口丝绸服装。